Der Nutzgarten im Blumentopf

ECON Ratgeber

Katharina Buss

Der Nutzgarten im Blumentopf

Kräuter und Gemüse statt Zierpflanzen

ETB
ECON Taschenbuch Verlag

Zeichnungen: Sibylle Pohl, Hamburg

ECON Taschenbuch Verlag GmbH, Düsseldorf
Lizenzausgabe März 1985

Umschlaggestaltung: Ludwig Kaiser
Titelfoto: Jahreszeiten Verlag
Druck und Bindearbeiten: Ebner Ulm
Printed in Germany
ISBN 3 612 20059 3

Inhalt

Einleitung

Haben Sie auch einen grünen Daumen?

In meiner Wohnung im dritten Stock wird es im Winter fast ein wenig eng, wenn ich all meine Pflanzen von der zehn Quadratmeter großen Loggia hereinholen muß. Ich habe Freude an meinem Grünzeug, und die Pflanzen danken mir Pflege und Zuneigung mit so üppigem Wuchs, daß ich dem manchmal nur noch mit der Schere beikommen kann.

Seit vielen Jahren schon wachsen Kräuter in meinen Balkonkästen – und das aus gutem Grund: Für halbverwelkte Petersiliensträußchen wird oft unangemessen viel Geld verlangt, abgeschnittenes Schnittlauch riecht schon nach wenigen Stunden seltsam, und wo findet man schon frische Minze im Handel. Direkt aus dem Garten oder vom Balkon schmeckt alles doppelt so gut. Und außerdem sehen diese Kräuter zum Teil sogar besser aus als irgendwelche herkömmlichen Zierpflanzen. Nutzpflanzen gehören einfach in den Blumentopf!

Bald schon folgten Radieschen und Pflücksalat den Kräutern, dann Tomaten und Möhren. Anläßlich der ersten Erbsenernte von meiner Loggiawand gab ich ein kleines Fest und wunderte mich über das rege Interesse der Gäste an meiner Miniplantage. Es gibt viele Gleichgesinnte.

Überall in den Vorgärten, auf Balkons und Fensterbänken in den Städten sieht man seit einiger Zeit Kräuter und Gemüse anstelle von Zierpflanzen grünen und blühen. Der Nutzgarten im Kleinformat entspricht dem Wunsch, unabhängig von im Supermarkt angebotenen Produkten ungewisser Herkunft zu sein. Biologisch gezogene Kräuter und Gemüse stehen hoch im Kurs – und sind teuer. Was liegt also näher als der Versuch, ohne Garten, in jeder noch so kleinen Stadtwohnung, so viel wie möglich selbst anzubauen.

Der Trend äußert sich seit Mitte der siebziger Jahre im steigenden Umsatz der Fachgeschäfte für Gemüse- und Kräutersämereien und Setzlinge. Die Züchter haben den kleinen Anbauflächen Rechnung getragen und sorgen für ein reichhaltiges Angebot an platzsparenden Nützlingen – sogar Obstbäumchen gedeihen in Kübeln.

Warum überhaupt die Trennung nach Nutz und Zierde? Kletternde Brombeeren schmücken eine Wand ebenso wie Efeu oder wilder Wein. Statt Geranien bietet Kapuzinerkresse leuchtende Blütenpracht im Balkonkasten und außerdem noch würzigen Salat. Feuerbohnen am Geländer brauchen den Vergleich mit Wicken nicht zu scheuen, und ein Thymiansträuchlein macht sich auf der Fensterbank ebenso hübsch wie eine Begonie.

Herkömmliche Gemüsegärten wirken doch nur so langweilig, weil alles in schnurgeraden Reihen gepflanzt ist. Aber durch nichts ist bewiesen, daß es so am besten gedeiht. Zwiebeln, Petersilie und Kohlköpfe wachsen auch zwischen Rosen und Blütenstauden, und so kann aus dem schmalsten Grünstreifen ein Bauerngärtchen nach altem Vorbild werden.

Wichtig dabei ist es zu wissen, welche Pflanzen neben- und durcheinander gedeihen und welche sich nicht mögen. Wichtig auch, welche Bodenbeschaffenheit und welche Licht- und Klimaverhältnisse die Pflanzen brauchen, um reiche Erträge zu bringen.

Gedüngt wird selbstverständlich nur biologisch, und dann braucht man auch über Kompost selbst auf dem Balkon durchaus nicht die Nase zu rümpfen. Ebenso natürlich werden unerwünschte Mitesser bekämpft, die alle Mühe zunichte machen könnten. Tomatenpflanzen z. B. bedanken sich dafür, indem sie uns wiederum lästige Fliegen und Mücken vom Leibe halten.

Eines ist jedoch sicher: Zur Selbstversorgung reicht die reichste Ernte nur mit den Nutzpflanzen, von denen man am wenigsten braucht, mit den Kräutern und Gewürzen. Davon kann man sich sogar Vorräte anlegen, indem man sie trocknet oder einfriert. Die

Tatsache, daß man als Blumentopf-Landwirt niemals autark wirtschaften kann, sollte aber niemanden davon abhalten, es auch einmal mit Kartoffeln in der Tonne oder Spargel im Eimer zu versuchen.

Nichts schmeckt besser und köstlicher als die Frucht aus selbstbestellter Erde! Bei der richtigen Zubereitung möchte ich mit meinen Lieblingsrezepten helfen.

Viel Spaß und Erfolg und – guten Appetit!

Vorbereitungen

Zwei bis vier Töpfe voll Erde, verschiedene Samen oder Setzlinge, Licht und Wasser – das genügt für den Anfang der Landwirtschaft im Miniformat.

Die ersten selbstgezogenen Nutzpflanzen werden Würzkräuter sein, denn die wachsen rasch, bringen schnell Erfolg und sind doch relativ platzsparend und pflegeleicht.

Es liegt nahe, die Blumentopfbeete auf der *Festerbank* in der Küche zu deponieren, wo man gleich in die Salatschüssel ernten kann. Den idealen Standort bietet eine Ost- oder Westlage. An Nordfenstern ist es zu dunkel, und pralle Südsonne vertragen selbst Gewächse nicht, die in Südeuropa heimisch sind. Einen leichten Treibhauseffekt bewirken die Glasscheiben ohnehin, so daß die Kräuter am Fenster früher und üppiger gedeihen als im sonnigsten Garten.

Keine Pflanze mag von Gardinen eingezwängt oder von »Kollegen« bedrängt werden. Ein Topf weniger bringt vielleicht mehr, denn das zarteste Kräutlein braucht Raum zur Entfaltung und Luft zum Atmen. Zugluft dagegen kann tödlich sein!

Das ist auch das erste, was Sie beachten müssen, wenn Sie Ihren Kräutergarten auf dem *Balkon* anlegen wollen. Ein Blumenkasten am Außengeländer in der achtzehnten Hochhausetage bringt bestimmt nicht viel Freude. Für Windschutz sorgen bunte Markisenstoffe oder Strohmatten am Gitter. Wie für die Kräuterfensterbank ist auch für den Balkongarten Ost- oder Westlage vorteilhaft. Auf dem Südbalkon kann vielleicht ein Sonnenschirm die Mittagsglut abwehren. In den Sommern, die einem »grünen Winter« gleichkommen und von denen wir in unseren Breiten allzu viele ertragen müssen, profitieren die Balkon- und Loggiapflanzen von ihrem geschützten Standort, von der Reflektionswärme der sie umgebenden Hauswände. Und sie wachsen oft besser als ihre Artgenossen im freien Gartenland.

Je größer der Balkon oder die Loggia, desto geräumiger kann die Anbaufläche angelegt werden. Große Töpfe und Kübel, Blumenkästen, Holz- oder Steintröge und Pflanzschalen fassen so viel Erde, daß Sie es auch mit mehrjährigen Kräutergewächsen und mit tiefwurzelndem Gemüse versuchen können. Es macht Spaß, aus einem mickrigen Steckling einen stattlichen Strauch heranwachsen zu sehen. Einen Nachteil hat dieses Erlebnis allerdings: Wenn Sie in die Ferien fahren, brauchen Sie einen »Pflanzensitter«. Blumentöpfe können Sie bei den Nachbarn in Pflege geben. Im Garten sorgt die Natur mit Luftfeuchtigkeit, Regen und Tau für die nötige Bewässerung. Balkonpflanzen müssen aber versorgt werden, sonst gehen sie zugrunde.

Dasselbe gilt für *Terrassen* und *Dachgärten* im Stadtgebiet. Dafür kann man hier schon im größeren Stil wirtschaften. Handwerklich begabte Gärtner sollten nicht nur auf handelsübliche Pflanzgefäße zurückgreifen. Mit ein paar Holzplanken oder Kunststoffringen werden Pflanzenpyramiden oder -türme (siehe S. 16 u. 119) angelegt, die reichen Ertrag bringen und sogar winterfest sind. Bäumchen und Sträucher sorgen für den nötigen Schatten. Mit einer berankten Pergola oder gar einer kleinen Laube kann so eine Stadtterrasse zur grünen Oase werden.

Dachgärten und -terrassen müssen übrigens nicht zwangsläufig zu sündhaft teuren Penthouse-Wohnungen gehören. Vielleicht empfinden Sie das graue Flachdach der angrenzenden Garage oder des Anbaus schon lange als störend. Sofern die Konstruktion tragfähig ist und der Hausbesitzer die Einwilligung gibt, wird es zum vitamin- und frischkostliefernden »Naherholungsgebiet« umfunktioniert.

Der Phantasie eines passionierten Blumentopfgärtners sind kaum Grenzen gesetzt. Bei liebevoller Pflege gedeihen die Nutzpflänzchen fast überall, an der Außentreppe, im Innenhof, am Lichtschacht, in hängenden Töpfen an der Feuerwand.

Glücklich der, der ein Stückchen *Garten* sein eigen nennt, und sei es nur ein handtuchschmaler Streifen. Wenn Sonne hineinstrahlt und der Wind nicht darüber hinwegfegt, ist schon eine Fläche von 3 x 4 m ausreichend, ein kleines »grünes Wunder« hervorzubringen. Voraussetzung ist allerdings, daß das Gärtchen nicht gerade an einer verkehrsreichen Straße liegt. Eine hohe, dichte Hecke könnte zwar den schädlichen Einfluß der Abgase mildern, dennoch ist die Anreicherung des dort gezogenen Grünzeugs mit unerwünschten Begleitstoffen – speziell Blei – so unabschätzbar, daß eher zu empfehlen ist: zum Verzehr nicht geeignet.

Umgekehrt ist ein sonniges Stück Hinterhof zur Anlage eines langweiligen Rasens viel zu schade. Hier beginnt die Gartenarbeit im Herbst des Jahres, bevor die erste Ernte eingebracht werden soll – während Fensterbank-, Balkon- und Terrassengärtner im Frühling starten. Der Boden muß vorbereitet oder sogar erst einmal aufgebracht werden. Während der Kleinlandwirt also gräbt und lockert, Kompost und Düngetorf untermischt und dabei schon überlegt, welches Kraut er wohin pflanzen will (die entsprechenden Tips sind auf den folgenden Seiten zu finden), sollte sich sein Blick immer wieder prüfend gen Himmel richten. Denn, wie schon erwähnt, wichtig für Gedeih oder Verderb ist das richtige Licht.

Das richtige Licht

Wer einmal mit der Kräuter- und Gemüsezucht begonnen hat, der wird sich bald an etwas erinnern, das er irgendwann einmal in der Schule gelernt hat: daß die Sonne übers Jahr vom nördlichen zum südlichen Wendekreis hinüberpendelt und damit ihre Strahlen die Pflänzchen im März ganz anders treffen als im August. Auf dem flachen Land wenden sich die Blätter ganz einfach dem Licht zu, aber in der Stadt stehen Mauern und Häuser im Wege. Das heißt, ein Beet, das im Frühling in der prallen Sonne liegt, kann im Sommer tiefsten Schatten haben oder umgekehrt. Danach richtet sich die Art der Bepflanzung. Im ersten Jahr, wenn man sich noch nicht auskennt mit den Lichtverhältnissen, kann also einiges schiefgehen.

Die meisten Kräuter und Gemüse, vor allem Obstsorten brauchen volle Sonne. Wachsen sie in transportablen Gefäßen, hat es der Gärtner leicht, er trägt seine Pflanzen den Sonnenstrahlen entgegen.

Für fest installierte Pflanzplätze wählt man Gewächse, die mit den gegebenen Voraussetzungen zufrieden sind. Am meisten Licht brauchen die fruchttragenden Bäumchen und Sträucher sowie die Gemüsefrüchte, also Tomaten, Paprika und Auberginen. Wurzelgemüse wie Radieschen und Möhren kommen mit weniger Sonnenbestrahlung aus, und am genügsamsten sind die Blattgemüse wie Spinat, Salat, Mangold etc.

Gänzlich besessenen Minilandwirten, die das Pech haben, im Souterrain oder in einer lichtlosen Altstadtgasse zu wohnen, bringt der Elektrohandel künstliche Lichtquellen, die Wachstumsenergie in der Form produzieren, in der sie von den Pflanzen absorbiert werden kann: Strahlen im Rot- und Blauspektrum. Berufsgärtner benutzen starke Leuchtstoffröhren dieser Art zur Aufzucht von Setzlingen. Man sieht es gerade einer jungen Pflanze schnell an, wenn sie unter Lichtmangel leidet. Sie entwickelt »geile Triebe«, das heißt, sie wird lang, dünn und blaß und reckt sich dem schwächsten Lichtstrahl entgegen.

Für Zimmerpflanzen und ein paar nützliche Kräutlein dazwischen mögen Leuchtquellen und Wachstumslampen sehr dienlich sein, aber das stärkste Kunstlicht bringt keine Tomaten zum Reifen, denn es erzeugt nicht annähernd soviel Energie wie die Sonne.

Mit Lichtproblemen hat auch der Hausgärtner zu kämpfen, dessen Anbaugebiet von reflektierenden Bauten oder Beton- und Asphaltflächen umgeben ist. Da gibt nämlich die liebe Sonne durchaus nicht nur Segen für die Pflanzen. Große Schirme, aus denen rundum schmale Stoffstreifen herausgeschnitten werden, oder Gestelle mit lockeren Stroh- oder Schilfmatten ersetzen das lichte Blätterdach nicht vorhandener Bäume.

Nach ein bis zwei Jahren Sonnenstudium und manchem Fehler, aus dem man bekanntlich lernt, werden Pflanzen, die nur bei kühleren Temperaturen gedeihen (Salat, Radieschen etc.), frühzeitig im Jahr ausgesät. Die Sonnenanbeter (Tomaten, Paprika, Auberginen) dagegen dürfen die sommerlichen Hundstage genießen – wenn nicht Petrus einen Strich durch die Rechnung macht und im März schon Hitze bringt, im August dafür Nieselregen.

Die Wahl der Pflanzgefäße

Grundsätzlich eignet sich zum Bepflanzen jeder Behälter, in den sich Abflußlöcher für überschüssiges Gieß- und Regenwasser bohren lassen. Am gebräuchlichsten sind die bekannten roten Tontöpfe, die es in nahezu jeder Größe in jedem Blumenladen zu kaufen gibt. Und für den Balkon lange Kästen, die heute meist aus Plastik, seltener aus Holz angeboten werden. Genausogut kann man aber auch Blechdosen, Waschmitteltrommeln mit einer Plastiktüte oder Putzeimer nehmen, wenn man keinen Wert auf besonders dekoratives Äußeres legt. Hauptsache ist, die Pflanze, die darin wachsen soll, hat genug Platz für ihre Wurzeln und der Topf ist standfest, wenn das Gewächs mit Früchten »kopflastig« wird.

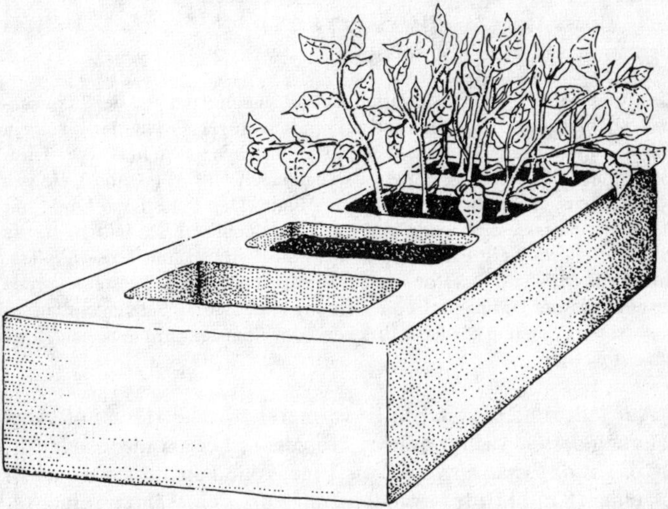

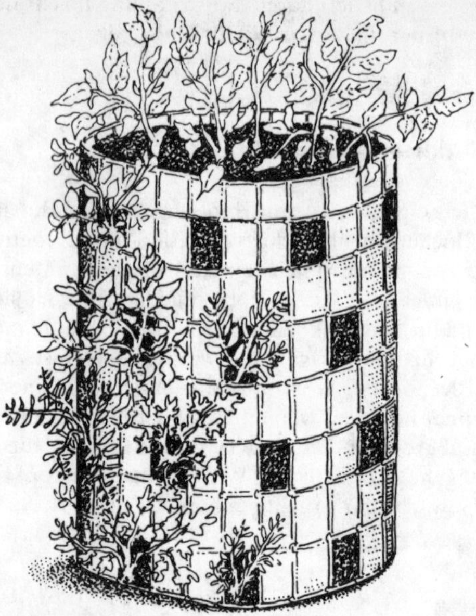

Eine weitere Möglichkeit der optimalen Flächennutzung ist der Pflanzenturm oder auch eine Pflanzenwand aus grobmaschigem Draht, der auf einem fahrbaren Untersatz oder einem Stückchen Dachpappe steht. Dieser Turm sollte einen Durchmesser von etwa 50 cm haben, die Wand eine Tiefe von 25 bis 30 cm, Höhe und Breite je nach Platz. Den befestigten Draht mit Dachpappe auskleiden, dann versetzt Pflanzlöcher ausschneiden. In die Mitte des Turmes ein Rohr (etwa 10 cm dick) stellen, mit Kieseln füllen, dann Erde einfüllen. Das Rohr wieder herausziehen; die Kieselsteine sorgen für eine bessere Drainage. In die Öffnung leicht schräg Setzlinge pflanzen oder je 3–4 Samen in die Erde drücken. Der Pflanzenturm muß häufig gewässert werden.

Auf jedem Samentütchen ist vermerkt, welche Höhe und Ausdehnung das Gewächs erreicht. Trotzdem ist es gar nicht so leicht, das passende Gefäß auszuwählen. Eine große Tomate ist z. B. schon mit einem 8 Liter Erde fassenden Topf zufrieden, während eine Aubergine einen doppelt so großen Kübel benötigt, um ihre großen schweren Früchte unterzubringen. Ein Zitrusbäumchen gedeiht jahrelang in einem Topf von 22 cm Durchmesser, während andere Zwergobstsorten und Beerensträucher mit weitläufigem Wurzelsystem schon kleine Tonnen brauchen, um genug Raum für ihre Wurzeln zu haben.

In den ersten Jahren werden Sie noch manches Mal umtopfen und versetzen, bis die Erfahrung ausreicht, Töpfe und Pflanzen perfekt aufeinander abzustimmen.

Auf Balkon und Terrasse soll der Nutzgarten nicht nur reiche Ernte bringen, sondern auch Zierde sein. Welche ästhetischen Maßstäbe an Pflanzengefäße gestellt werden, ist sicher individuell sehr verschieden. Der eine mag buntes Durcheinander von Behältern aus unterschiedlichen Materialien und kann auch dem bunten Aufdruck von Marmeladeneimern etwas abgewinnen – der andere legt Wert auf einen einheitlichen Eindruck, indem er nur Holz- oder Steintröge verwendet. Dem einen reicht die schlichte Form der Tontöpfe, der andere möchte sie lieber in Übertöpfen verstecken. Der Gartenfachhandel kommt allen Wünschen mit einem reichhaltigen Angebot entgegen.

Mit ein bißchen Phantasie und etwas handwerklicher Begabung läßt sich aber auch vieles preiswert improvisieren. Sehen Sie sich einmal an, was der Baustoffhandel an Hohlblocksteinen, Eternitröhren und ähnlichem zu bieten hat. Auch in Küche und Keller ist manches zu finden, das zum Pflanzgefäß umfunktioniert werden kann: Schüsseln, Emaille- oder Aluminiumsiebe, Fässer, Tonnen, Waschmitteltrommeln, Wein- oder Obstkisten.

Die hübschen Holzkübel aus Eiche, Pinie oder Zedernholz sind z. B. unter fünfzig Mark pro Stück nicht zu kaufen. Aus Kiefern- oder Fichtenbrettern kann man aber einfache dekorative Pflanzgefäße zimmern. Die Innenseiten müssen dann mit Teerfarbe oder einem pflanzenunschädlichen Holzschutzmittel – möglichst aus Pflanzenfarben – bestrichen werden, damit sie nicht verrotten. Ebenso werden alle Arten von Körben aus Weide, Rattan, Schilf oder Peddigrohr behandelt, die als Übertöpfe draußen stehen sollen. Sie können solche Körbe auch direkt bepflanzen, indem Sie den billigsten und variabelsten Pflanzbehälter zu Hilfe nehmen: ein Erdkissen aus Plastik.

Dazu brauchen Sie Gefrierbeutel, Einkaufs- oder Mülltüten je nach gewünschter Größe, die mit Erde gefüllt werden. Sie schneiden Drainagelöcher in die Unterseite und krempeln den oberen

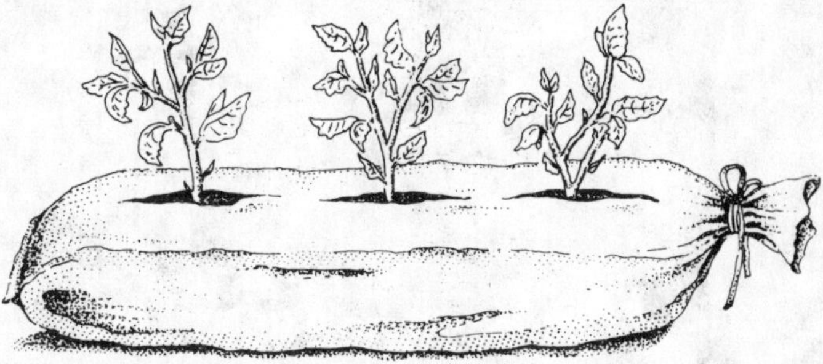

Rand etwas um. Der flexible Sack paßt sich schmiegsam den Formen des Gefäßes an, in das er hineingedrückt wird. Um einen länglichen Behälter auszunutzen, wird ein Plastikbeutel nur so weit mit Erde gefüllt, daß er noch zugebunden oder mit Heftklammern verschlossen werden kann. Den Beutel auf die Seite legen, die Erde etwas festdrücken, unten wiederum Drainagelöcher anbringen und in die Oberseite Löcher für Samen oder Setzlinge schneiden. So wird die Verdunstung verhindert, und es braucht nur wenig gegossen zu werden.

Von der Saat bis zur Ernte können alle möglichen einjährigen Kräuter und Gemüse in diesen Erdkissen gedeihen. Länger als eine Saison halten die Plastikbeutel allerdings nicht durch.

Das schönste Pflanzgefäß braucht ein Plätzchen an der Sonne, um reichen Ernteertrag hervorzubringen. Aber gerade an Stellplätzen fehlt es ja im Minigarten auf dem Balkon. Hier sind wiederum die

Kleinbauern mit handwerklichem Geschick am besten dran. Sie bauen Gestelle, Treppen und Pyramiden, auf denen stufenweise übereinander viele Töpfe oder Kästen Raum finden. Eine Loggiawand oder Terrassenbegrenzungsmauer kann mittels eines gut angedübelten Gerüstes zum hängenden Garten werden.

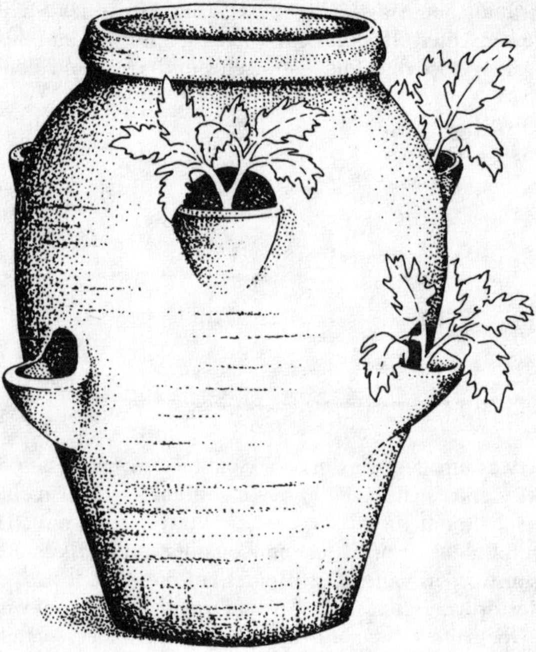

Auch der Handel hat sich zum Thema Platzsparen einiges einfallen lassen. Da gibt es Pflanztürme aus stapelbaren Gefäßen oder Pflanzbäume aus Kunststoff mit bis zu vierzehn Pflanzenöffnungen für Kräuter und Gemüse. Speziell für Erdbeeren wurden dekorative Keramik- oder Tonkrüge mit vielen Ausbuchtungen (Taschen) entwickelt, in denen auch alle möglichen anderen Kräuter und Gewächse gedeihen.

Denken Sie bei der Bestückung Ihres Balkons mit Pflanzgefäßen aber auch daran, daß so ein mit feuchter Erde gefüllter Kübel oder Kasten ein ganz beträchtliches Gewicht aufweist. Zum einen müssen Sie also sicherstellen, daß die bauliche Konstruktion tragfähig genug für Ihren Garten ist; zum anderen wollen Sie die Topfbeete vielleicht dann und wann verstellen, z. B. zum Fensterputzen. Nicht immer haben Sie einen kräftigen Möbelpacker zur Hilfe. Auf einem starken Brett mit vier Möbelrollen darunter lassen sich selbst Bäumchen in großen Trögen oder bepflanzte Tonnen leicht von hier nach da schieben. Sogar ganze Gemüsebeete in großen Pflanzmulden (Gartenfachgeschäft) oder selbstgezimmerten Holzkästen werden mit solchen Rollen zur beweglichen Angelegenheit.

Pflanzgefäße auf einen Blick

Tontöpfe:
Durchmesser 6 bis 32 cm.
Fassungsvermögen 0,2 bis 20 l Erde.
Drainageöffnung meist ausreichend.
Ton ist porös, läßt also Luft und Wasser von außen eindringen. Wegen der Verdunstung muß auf ausreichende Bewässerung geachtet werden.

Kunststofftöpfe
Größe und Fassungsvermögen wie bei Tontöpfen. Drainageöffnungen müssen oft extra gestanzt werden. Weder luft- noch wasserdurchlässig, daher nicht so häufig gießen.

Hartschaumtöpfe
Größe und Fassungsvermögen wie bei Tontöpfen. Auf Drainage achten. Luft-, aber nicht wasserdurchlässig. Muß nicht so oft gegossen werden. Hartschaum ist leichter als Ton, ein Vorteil für Fensterbänke und Balkonstellagen. Vorsicht, kippt mit fruchttragenden Pflanzen leicht um.

Holzgefäße
Größe und Fassungsvermögen sehr unterschiedlich. Eiche, Zeder, Teak oder Pinie sind verrottungsbeständig. Kiefer oder Fichte muß behandelt werden. Drainagelöcher in ausreichender Anzahl bohren oder in große Gefäße unter die Erde eine Schicht mit Kieselsteinen oder Blähton (wird für die Hydrokultur verwendet) füllen. Holz ist weniger porös als Ton, bei großer Erdfläche aber starke Verdunstung nach oben.

Blumenkästen
Handelsüblich in einer Länge von 40 bis 120 cm und ca. 20 cm Tiefe, meist aus Kunststoff. Drainageöffnungen gegebenenfalls einstanzen. Bei hochrankender Bepflanzung gut befestigen, sonst Kippgefahr.

Steintröge
Größe und Form unterschiedlich. Drainage meist nur durch Kiesel- oder Blähtonschicht möglich. Sind hübsch anzusehen, aber sehr schwer. Deshalb vorzugsweise für Gärten oder Bodenterrassen geeignet.

Pflanzmulden und Kastenbeete
Die Porosität des Materials spielt wegen der großen Erdfläche keine so große Rolle wie bei kleineren Gefäßen und Töpfen. Trotzdem sollte für Drainage und Luftzirkulation an die Schicht aus Kiesel, Tonscherben oder Blähtonkügelchen gedacht werden. Letztere sind in Fachgeschäften für Hydrokultur zu kaufen und haben gegenüber Kiesel den Vorteil, sehr leicht zu sein, was auf Balkon oder Dachterrasse von größerer Bedeutung sein kann, bedenkt man, daß ein Kastenbeet von 2 m Länge und 90 cm Breite mehrere Zentner wiegt.

Pflanzmulden auf Möbelrollen lassen sich bequem in die Sonne oder gegebenenfalls auch in den Schatten schieben. In guten Sommern kann nämlich die Hitze auf einer hellen Terrasse mit reflektierenden Wänden so groß werden, daß die Pflänzchen verbrennen, dann evtl. leicht absorbierende Folien zur Hilfe nehmen! Wegen der großen Oberflächenverdunstung müssen Mulden und Kastenbeete täglich bewässert werden.

Das Hügelbeet

Wer einen kleinen Garten hat, sollte auf keinen Fall auf ein Hügelbeet verzichten. Ein solches Hochbeet ist die Garantie für eine reiche Ernte. Und das auf kleinstem Raum. Bei den Chinesen ist diese Art des Gartenbaus seit Jahrhunderten bekannt. Von dort »exportierte« ein nach Amerika auswandernder Chinese die Idee, und die Amerikaner waren begeistert über den Ertrag von den »Zauberhügeln«. Mit vielen anderen, zum Teil auch weniger nützlichen Trends kamen die Hügelbeete dann aus den USA zu uns, wo sie mehr und mehr Anhänger finden – und das zu Recht.

Ein Hügelbeet ist etwa 1,40 bis 1,50 m breit und etwa 3 bis 4 m lang. In der Länge sind da keine Grenzen gesetzt. Je nach Größe des Gartens werden besser zwei kleinere Hügelbeete nebeneinander errichtet, mit etwa 30 cm Wirtschaftsweg dazwischen. Achten Sie bei der Planung auf die Himmelsrichtung. Hügelbeete erstrekken sich am günstigsten in Nord-Süd-Richtung, weil dann alle Pflanzen gleichmäßig viel Sonne bekommen.

Wenn zufällig genau da, wo Sie Ihr zukünftiges Hochbeet anlegen wollen, ein Rasen ist – um so besser. Bewahren Sie die Grassoden auf, auch sie werden für das Hügelbeet benötigt.

Mit der Anlage wird im Herbst begonnen. Zuerst heben Sie eine Grube von etwa 30 cm Tiefe aus. In die Mitte kommen nun, auf eine Fläche von etwa 50 bis 60 cm Breite und 40 bis 50 cm Höhe, grobe Pflanzenstücke. Dazu gehören Äste und Reisig aller Art, von Obstbäumen und Sträuchern, Stengel von Sonnenblumen, Dahlien und anderen Blumen, Kartoffel- und Tomatenkraut, selbst Bauholz oder zerkleinerte Möbelstücke können hinein. Alles wird auf eine Länge von etwa 20 cm geschnitten, Holzteile auf etwa 10 cm. Diese untere Schicht ist wichtig für eine gute Durchlüftung, abgesehen davon kann keine Staunässe die Wurzeln der Pflanzen angreifen. Ihr Gemüse bleibt gesünder, Fäulnis kommt gar nicht erst auf.

Darüber kommt nun die Schicht aus Grassoden, mit der grünen Seite nach unten. Diese Schicht sollte etwa 15 cm dick sein. Ersatzweise können Sie anstelle der Grassoden auch Torf nehmen. Zum Ausgleichen von Unregelmäßigkeiten in Ihrem Hügel geben Sie einige Spaten Erde darauf, die schön festgeklopft wird.

Das Ganze bedecken Sie mit einer 30 cm dicken Schicht aus Laub von allen Bäumen, die Sie in Ihrer Nähe haben. Dazwischen können durchaus auch Papier und kleinere Pflanzenreste sein. Sollte das Laub sehr trocken sein, muß etwas gewässert werden. Über das Laub schaufeln Sie eine 5 cm dicke Lage Erde vom Aushub.

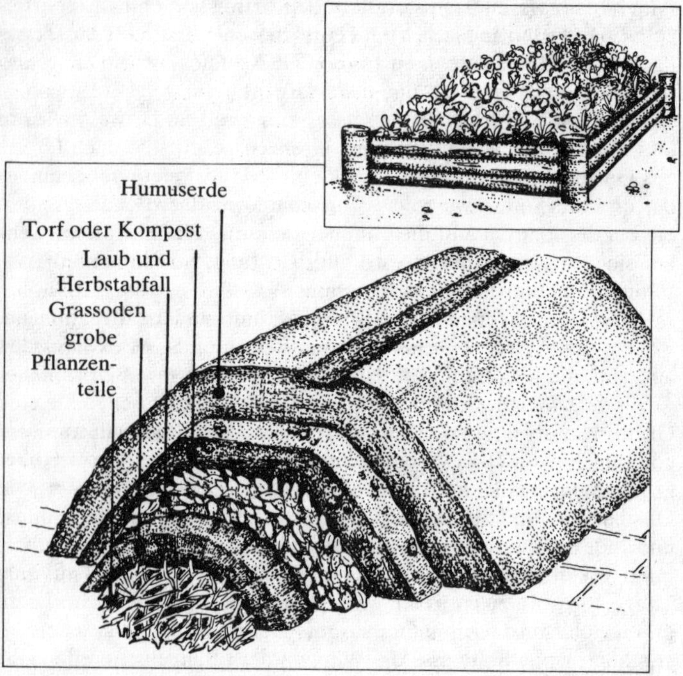

Die vierte Beetschicht besteht aus mit Mist vermischtem Kompost, etwa 10 cm hoch. Wenn Sie nicht genug Mistkompost haben, mischen Sie noch etwas Torf unter. Torf in 5 cm Höhe bildet das Polster für die letzte Schicht.

Diese besteht aus der vorher ausgehobenen Muttererde, die durchsiebt und mit gut verrottetem Kompost vermischt wird. Damit Ihr Hügel auch richtig schön glatt und rund aussieht, wird alles noch mal übergeharkt und mit dem Spaten festgeklopft.

Diese schwerste Arbeit ist nun getan. Sie können aufatmen und Ihr Kreuz massieren. Wenn Sie sagen: »Einmal und nie wieder!«, haben Sie vollkommen recht. Für die nächsten fünf bis sechs Jahre reicht's, und alles weitere ist ein Kinderspiel.

Bis zum Frühjahr hat sich der Hügel etwas gesetzt, und dann kann das Pflanzen losgehen. Vorweg noch ein Tip: Sollten Sie nicht genug fertigen Kompost zur Verfügung haben, ist organischer Volldünger, Guano oder auch Rinderdung, ein guter Ersatz. Auch Hornspäne und Urgesteinsmehl erhöhen den Humusgehalt.

Der Grund für die Fruchtbarkeit des Hügelbeetes liegt hauptsächlich in der Wärme, die beim Verrotten der einzelnen Schichten entsteht. Besonders die groben Pflanzenteile im Innern, die nur sehr langsam verwesen, geben eine gleichmäßige und lang anhaltende Wärme ab. Diese Wärme fördert das Wachstum und sorgt für höheren Ernteertrag. Ein weiterer Vorteil ist die größere Anbaufläche, die durch den Hügel entsteht. Durch die Schräglage bekommt das Beet außerdem mehr Sonne, wird dadurch auch von außen schneller und intensiver erwärmt.

Ein Nachteil ist das schnelle Austrocknen des Hügelbeetes. Dem kann durch eine Gießrinne auf dem Hügel etwas nachgeholfen werden, die das Bewässern leichter und effektiver macht.

Wundern Sie sich nicht über die Menge von Regenwürmern, die sich in Ihrem Beet versammelt. Je mehr, desto besser. Regenwürmer sorgen dafür, daß ihr Beet immer schön locker bleibt.

Was Sie nun im Frühjahr, ab Februar, auf Ihrem Beet pflanzen, bleibt ganz Ihnen und Ihrem Geschmack überlassen. Am besten ist jedoch immer die Mischkultur. Zum Beispiel im ersten Jahr oben auf dem Hügel eine Reihe Tomaten, dann ringsherum Salat, Karotten, Radieschen oder Rettich und unten Petersilie. Im zweiten Jahr sollten dann unter dem Gemüse auch Buschbohnen oder Erbsen sein – zu Buschbohnen passen Radieschen oder Rettich, Kopfsalat, Kohlrabi und andere Kohlgewächse. Im dritten Jahr dann wieder eine hochwachsende Gemüseart obenauf, diesmal eine andere.

(Wenn Sie im zweiten Jahr Buschbohnen gepflanzt haben, setzen Sie im dritten vielleicht Erbsen.) Zu Erbsen passen dann Karotten oder Möhren, wieder Kohlgewächse und Kopfsalat.

In den letzten zwei bis drei Jahren, in denen Ihr Hügelbeet noch seine Kraft von innen bekommt, sind Erdbeeren oder Kartoffeln genau richtig. Erdbeeren sollte man nicht vorher zwischen die anderen Gemüse pflanzen, da ihre Ranken und Ableger andere Kulturen stören würden. Vor der Bepflanzung mit Erdbeeren, die am besten im August geschehen sollte, ist eine Grünpflanze, z. B. die Acker-Lupine, ein guter Dünger. Sobald die Lupine blüht, wird sie einfach abgemäht oder ausgerissen und gleich leicht untergegraben.

Verlängert werden kann die gute Wirkung des nach und nach einsinkenden Hügelbeetes um ein bis zwei Jahre, wenn man zwischendurch Kompost auffüllt und/oder mit Lupinen düngt.

Die Zusammenstellung von Erde

Was Sie brauchen, ist »gesunde« Erde, Erde, die frei ist von Krankheitserregern und Schadstoffen, Unkrautsamen und Nematoden (Würmer, die sich von Wurzeln ernähren). Doch woher nehmen? Die handelsübliche Blumenerde ist für Nutzpflanzen unbrauchbar – in Supermärkten dürfen Topfpflanzen nicht mehr in der Nähe von Lebensmitteln stehen, weil man fürchtet, daß Schadstoffe wandern. Erde aus Parks und Gartenanlagen zu »stehlen«, darüber wären zum einen die Gärtner nicht gerade glücklich, zum anderen dürfte diese Erde von Blei aus Autoabgasen, saurem Regen, Hundekot und anderem, verdorben sein.

Es gibt zwar die Möglichkeit, diese Erde oder auch die normale Blumenerde zu sterilisieren, doch ist das mit viel Dreck und Gestank verbunden. Die Erde muß nämlich dann mindestens eine Stunde lang auf 100 Grad Celsius erhitzt werden, was in einem durchschnittlich ausgestatteten Haushalt nur im Backofen geschehen kann. Außerdem muß man dann, wegen der durch die Hitze verursachten Ammoniakentwicklung, noch zwei bis drei Wochen warten, bis die Erde verwendbar ist. Kurzum, der Aufwand lohnt nicht.

Stadtbewohner sollten, wenn sie auf jeden Fall »normale« Gartenerde haben wollen, lieber aufs Land fahren und dort einen netten Bauern oder Gärtner (vielleicht kennen Sie ja sogar einen Biogärtner?) fragen, ob er ihnen 50 oder 100 Liter seines Bodens überläßt.

Aber auch diese gesunde Gartenerde kann vom Balkongärtner nicht so ohne weiteres bepflanzt werden. Sie kann zu schwer sein, zuviel Lehm, zuwenig Sand enthalten. Ein einfacher Test lohnt sich: Füllen Sie ein schmales hohes Glas (Reagenzglas) zu einem Viertel mit Erde, dann gießen Sie bis auf drei Viertel mit Wasser auf und schütteln sehr kräftig. Sand setzt sich zuerst ab, dann folgt Lehm, zuletzt die feinen Tonteilchen. Je nach Anteil der einzelnen Schichten wird der Boden beurteilt als Sand-, lehmiger Sand-, sandiger Lehm- oder Tonboden.

Einem schweren Lehmboden wird Sand zugesetzt, der den Boden auflockert. Torf oder Schaumstoffzusätze (Hygromull) helfen beim Speichern von Wasser, außerdem verringern sie das Gewicht der Erde beträchtlich. Ist Ihr Boden zu sandig, sollten Sie neben einem Zusatz von Humus bzw. Kompost auch Steinmehl beimischen. Steinmehl enthält außer Kieselsäure auch Kalium, Natrium und viele Spurenelemente, was sich immer bodenverbessernd und ertragssteigernd auswirkt.

Haben Sie nun gute Gartenerde? Oder, was noch besser ist, haben Sie Komposterde? (Die Herstellung von Kompost wird auf den folgenden Seiten beschrieben.) Dann können Sie sich Ihre spezielle Pflanzerde selbst mischen. Die klassische Blumenerde z. B. enthält ein Drittel Gartenerde oder Kompost, ein Drittel Sand und ein Drittel Torf. Sie ist sowohl für Kräuter als auch für Gemüse gleichermaßen gut geeignet. Schwerer und reicher wird Pflanzerde aus zwei Dritteln Gartenerde oder Kompost und einem Drittel Torf. Obst- und Beerenpflanzen sind ebenso dankbar für diese Erde wie alle Fruchtgemüsesorten. Die leichteste Erdmischung besteht dann aus einem Drittel Gartenerde oder Kompost und zwei Dritteln Torf. So haben es Wurzelgemüse und manche Kräuter gern. Geben Sie allen Mischungen auf je 10 Liter je 30 g Knochen- und Hornmehl und chloridfreies Kalimagnesia oder Patentkali bei, dann brauchen Sie in der ersten Zeit ans Düngen nicht zu denken. Das ist besonders wichtig, wenn Sie keinen hochwertigen Kompost zur Verfügung haben. Die Nährstoffe eines frischen, gut verrotteten Kompostes halten sehr lange an, je besser die Komposterde, um so besser die Mischung und um so besser die Haltbarkeit der Erde.

Für die Zubereitung Ihres Gartenbodens kann hier kein Rezept mit exakten Mengenangaben wiedergegeben werden. Sie brauchen vor allem ein wenig Fingerspitzengefühl, vor allem auch einen »grünen Daumen«!

Über all die Mischerei sollen aber auch die im Handel erhältlichen Torfkultursubstrate (TKS) nicht vergessen werden. Diese Torfkultursubstrate haben gegenüber dem Mutterboden vom Lande und auch den Gartenerde- bzw. Kompostmischungen den Vorteil, daß sie viel leichter sind. Das dürfte für Loggia, Balkon und Dachgarten ein großer Vorteil sein, besonders dann, wenn die Pflanzen bewegt werden müssen. Ein Tontopf mit 20 cm Durchmesser, gefüllt mit Gartenerde, wiegt ca. 5 bis 6 kg; der gleiche Topf mit Substrat gefüllt wiegt nur etwas mehr als die Hälfte.

Ein weiterer Vorteil der Torfkultursubstrate ist, daß man sie in verschiedenen Zusammensetzungen kaufen kann. TKS 1 ist hervorragend geeignet für die Anzucht aus Samen und für die Stecklingsvermehrung. TKS 2 ist wegen des größeren Anteils an Nährstoffen und Spurenelementen für die weitere Kultur der Pflanzen gedacht.

Für Kräuter und Zierpflanzen verwendet man getrost pures Substrat. Gemüse und Obst brauchen eine Beimischung von mindestens einem Drittel Gartenerde oder Kompost und etwas Horn-, Knochen- und Blutmehl sowie Patentkali.

Nun werden Sie wahrscheinlich froh sein, wenn Sie *Ihre* Erde in Töpfen, Kästen und Kübeln verteilt haben. Und wenn Sie gesät und gepflanzt haben, sollten Sie schon an die Zukunft denken, an künftige Erdmischungen. Beim Lesen werden Sie schon festgestellt haben: Sie brauchen Kompost! Und jetzt ist genau der richtige Moment, ihn anzulegen.

Der Komposthaufen

Wer glaubt, daß Kompost stinkt, täuscht sich gewaltig. Kompost ist nicht nur das beste Düngemittel für Ihren Garten, es ist auch das preiswerteste. Die Zutaten gibt es nämlich umsonst, und obendrein wird der Abfalleimer entlastet – da kommt nur noch anorganischer Müll hinein. Und außerdem – ein Biogärtner, sei sein Garten auch noch so klein, ohne Komposthaufen ist kein Biogärtner!

Was kommt alles in den Kompost? Grundsätzlich zunächst mal das, was im Garten, für den er bestimmt ist, abfällt. Angefangen mit Zweigen und Ästen, Laub, Gras, sogar Unkraut vor der Blüte kann hinein. Alles wird kleingeschnitten und verwertet.

Dann die Abfälle aus der Küche – fast alles Organische wandert nicht mehr in den Mülleimer, sondern in den Kompostbehälter. Als da wären Kartoffelschalen, Reste vom Gemüseputzen, Kohlstrünke, Eierschalen, Teeblätter, Kaffeesatz (mit Filtertüte), auch verwelkte Schnittblumen aus Ihrem Wohnzimmer werden auf diesem indirekten Wege wieder zu Erde, die sie hervorgebracht hat. Kompost – das ist aktiver Umweltschutz, denn die Müllverwertung kriegt nur noch halb soviel zu tun.

Nicht in den Kompost dürfen Schalen von Zitrusfrüchten, da sie Schimmel bilden; auch keine kranken Pflanzen und Rosenschnitt, auf dem sich häufig sehr viele Schädlinge befinden. Auch Fleisch-, Wurst- und Knochenabfälle sowie gekochte Speisereste haben im

Kompost nichts zu suchen, weil ihr Geruch streunende Hunde oder – noch schlimmer – Ratten anlocken kann. Verboten sind natürlich auch metallische Stoffe, Plastikgegenstände oder Porzellan- und Glasscherben.

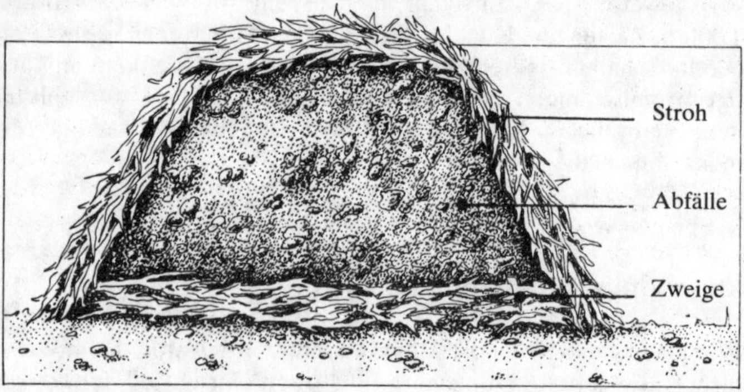

Einen Kompostbehälter kann man sich leicht selbst machen. Einige Holzplanken wie zum Blockhaus ohne Dach aufeinandersetzen, so daß zwischen den einzelnen Brettern immer noch etwas Zwischenraum bleibt. Ein Metallgeflecht oder ein Stück engmaschiger Zaun können umfunktioniert werden zum runden Kompostsilo. Selbst eine große feste Mülltüte, in die viele Löcher hineingeschnitten wurden, kann ausreichend sein, wenn Sie wenig Platz haben.

Mittlerweile gibt es im Fachhandel spezielle Kompostiersets, die Sie in Garage, Keller oder sogar in der Küche aufstellen können.

Für einen kleinen Garten reicht ein Kompostplatz von 80 x 80 cm. Für den Balkongarten genügt eine Mülltüte. Wichtig ist, daß der Behälter nicht ungeschützt in der prallen Sonne steht, denn zuviel Sonne und dazu noch Wind würden Feuchtigkeit nehmen, und die braucht der Kompost. Das jedoch ist durch Gießen auszugleichen. Schlimmer noch ist ein Kompostbehälter im absoluten Schatten, das verzögert das Verrotten um ein Vielfaches. Wenn Sie also Ihren Kompost nur im Keller, in der Garage oder in der Küche machen können, brauchen Sie Kompoststarter oder Schnellkompoststarter, die Sie im Fachhandel erhalten können.

Im Garten sollte ein Kompostbehälter immer auf der Erde stehen, nicht auf Platten oder festgetretenen Wegen. Aus der Muttererde wandern sämtliche Mikroorganismen nach oben und helfen mit beim Umwandeln des »Abfalls« in hochwertige Muttererde. Und dann sind da noch die Regenwürmer, die sich über die Wärme in Ihrem Komposthaufen besonders freuen und zum Dank dafür Ihren Kompost in feinkrümelige Erde verwandeln. Regenwürmer sind außerdem die besten Düngerfabrikanten, die sich der Gärtner wünschen kann. Ihr Kot enthält fünfmal mehr löslichen Stickstoff als gute Humuserde, zweimal soviel Magnesium, siebenmal soviel lösliche Phosphate und sogar elfmal soviel löslichen Kalk. Und um all diesen Milliarden von Mikroorganismen, Bakterien und Tieren zu helfen, sollte man den Boden unter dem zukünftigen Komposthaufen etwa einen Spaten tief auflockern.

Beim Auffüllen von Abfällen achten Sie immer darauf, daß die gröberen Teile innen, die feineren Stücke außen liegen. Alles, bis auf Gras natürlich, sollte zerkleinert werden, auch Ihre Küchenabfälle, damit die Kompostierung schneller vonstatten geht. Das grobe Material im Innern sorgt für eine gute Durchlüftung und ausreichende Sauerstoffzufuhr.

Zwischen die Abfälle, etwa alle 20 cm, ein wenig Kompoststarter geben, dann alles gut anfeuchten. Darauf einige Schaufeln Erde streuen, evtl. noch etwas organischen Dünger wie Knochenmehl oder Hornspäne. Dann geht's weiter mit Abfällen.

Wenn der Komposthaufen im Sommer angelegt wurde, kann der erste Kompost meist schon im Herbst verwendet werden; wurde er im Herbst angelegt, dauert es bis zum nächsten Frühjahr, da die Wärmeentwicklung nicht mehr so stark ist.

Der Kompost wird vor der Verwertung durchgesiebt, damit die noch nicht verrotteten Teile nicht in den Garten gelangen, die kommen zurück und bilden den Anfang einer neuen Kompostkultur. Wenn Sie diese neue, kraftvolle Erde regelmäßig auf Ihre Kleingartenerde streuen, etwa 2 cm dick, und leicht unterharken, wird sich der Erfolg in kurzer Zeit einstellen.

Samen und Setzlinge

Für Ungeduldige, die schnellen Erfolg brauchen, sind Samen, ob von rasch oder langsam wachsenden Pflanzen, nicht immer geeignet. Sie sind jedoch der preiswerteste Anfang und bringen zum Teil Hunderte von Setzlingen aus einer einzigen Tüte.

Achten Sie beim Kauf von Samen immer auf das Abfülldatum. Vorsicht ist geboten, wenn keine Angaben zu finden sind. Samen, die zu lange lagern oder vielleicht noch mit Feuchtigkeit in Berührung kamen, sind meist verdorben. Keimfähiges Saatgut muß frisch sein. Kaufen Sie am besten dort, wo ein schneller Absatz garantiert ist. Kleine Gemüse- und Lebensmittelläden mit einem Saatgutregal können sicher nicht immer darauf achten, daß die Tüten vom Vorjahr regelmäßig aussortiert werden. Davon kann man in Fachgeschäften ausgehen. Auch die Versandhäuser, die meist noch eine größere Auswahl anbieten, können es sich nicht leisten, überlagertes Saatgut zu verschicken.

Lassen Sie sich die Kataloge frühzeitig schicken, dann können Sie sich einen Winter lang überlegen, was und wieviel Sie von welchem Kraut und welchem Gemüse wann, wie und wo anbauen werden.

Und bestellen oder kaufen Sie so, daß das Saatgut rechtzeitig da ist. Etwa zwei Monate vor dem letzten Frost, im März ungefähr, können Sie im Haus mit fast allen Gewächsen beginnen.

Vermehrung durch Stecklinge und Ableger

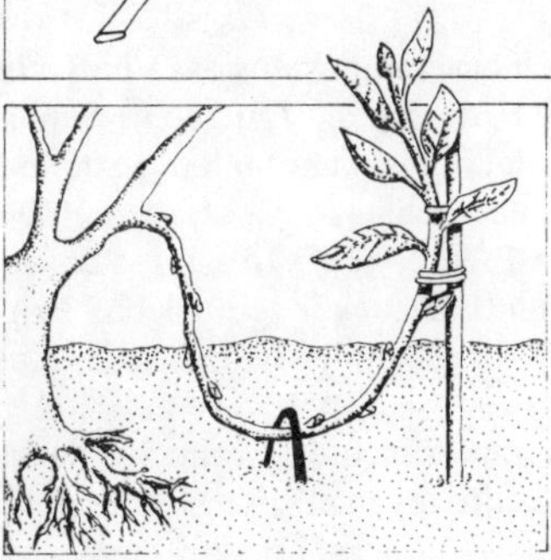

Vermehrung durch Absenker

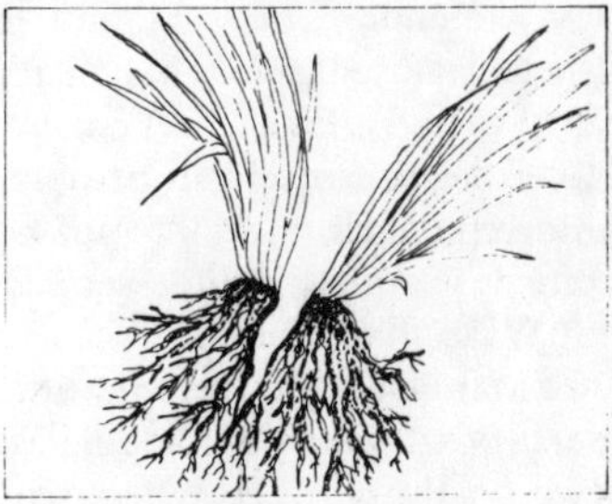

Vermehrung durch Teilung der Pflanze mit Wurzel

Viele Pflanzen können direkt in das endgültige Gefäß gesät werden, für andere braucht man Anzuchttöpfe oder Saatkästen; die Angaben dazu finden Sie auf jeder Samenpackung. Bei diesen Anzuchttöpfen ist die Auswahl groß. Ob Sie nun überzählige Kuchenbleche (Kresse können Sie darin sogar auswachsen lassen) und Kastenformen, Gefrierdosen, Plastikschalen, Blechdosen, eine Fruchtsteige aus Holz oder Polystyrol oder auch Eierkartons verwenden, bleibt

Ihnen überlassen. Sorgen Sie überall für eine gute Drainage, und fangen Sie bei großen Gefäßen mit einer Schicht aus Kiesel, Blähton oder Tonscherben an. Dann füllen Sie das Gefäß mit 3 bis 5 cm gesiebter Erde auf, die Sie leicht andrücken.

Ausgesät werden ungefähr doppelt so viele Samen, wie Sie Pflanzen haben möchten. Einige Samen werden sicher nicht aufgehen, andere entwickeln sich langsam und schwach; diese werden später aussortiert.

Harte Samen, die schwieriger zum Keimen zu bringen sind, sollten Sie auf eine Lage von mehreren nassen Küchentüchern streuen. Je nach Art (Dunkelkeimer, Lichtkeimer) an einen hellen oder dunklen Standort stellen und immer feucht halten, bis die Samen zu keimen beginnen, dann erst in die Erde pflanzen.

Übriggebliebene Samen dunkel, kühl und trocken aufbewahren, z. B. in einem Marmeladenglas (mit einigen Löchern im Deckel) im Gemüsefach Ihres Kühlschranks.

Die Samen im Abstand von 1 bis 2 cm (mindestens das Fünffache des Samendurchmessers) auf die Erde legen. Längliche Samen drückt man senkrecht in die Erde, damit sie nicht faulen. Dann bedeckt man das Ganze mit einer dünnen Schicht gesiebter Erde. Die Höhe dieser Erdschicht ist je nach Pflanze und Größe der Samen unterschiedlich. Sie sollte auf keinen Fall dicker sein als das Doppelte des Samendurchmessers. Die Erdschicht leicht andrücken und mit Wasser besprühen.

Spätere Umtopfarbeiten werden sehr erleichtert, wenn Sie die Samen von Anfang an in kleine Torftöpfe legen. Diese bestehen aus etwa 75 Prozent gepreßtem Torfmoos und 25 Prozent gepreßten Holzfasern. Zwei bis drei Samen pro Topf, später ein bis zwei Sämlinge entfernen. Auch die kleinen, im Handel erhältlichen Torfscheiben oder -kissen erleichtern spätere Arbeiten. Sie werden in Wasser eingeweicht, die Samen einfach in die aufgequollenen Kissen eingelegt.

Damit das Saatgut nicht austrocknet, wird das Gefäß mit Klarsichtfolie bedeckt, in die einige Löcher zur Belüftung geschnitten werden. Bis zum Aufgehen der Samen brauchen Sie dann normalerweise nicht zu gießen, jedoch sollten Sie darauf achten, daß die Erde stets feucht ist. Notfalls noch mal mit etwas Wasser besprühen oder, wenn sich unter der Abdeckung zuviel Feuchtigkeit bildet, die Folie abnehmen und das Gefäß eine oder mehrere Stunden in die Sonne stellen. Als Abdeckung kann auch eine Glasplatte verwendet werden; dann sollten Sie zwischen Saatbeet und Abdeckung kleine, 2 bis 3 mm dicke Holzkeile legen, damit für genügend Luftzufuhr gesorgt ist.

Das Saatbeet sollte nicht an einem Südfenster in der prallen Sonne stehen. Meist ist es sogar besser, den Kasten im Schatten oder mit einem Zeitungsblatt abgedeckt aufzubewahren. Viele Samen sind Dunkelkeimer. Beachten Sie die Vermerke auf der Samenpakkung.

Sobald sich die kleinen Sämlinge aus der Erde drücken, werden Folie oder Glas und Papier entfernt. Jetzt ist die ausreichende Feuchtigkeit besonders wichtig. Wenn nötig, jeden Tag etwas wässern, nach Möglichkeit mit der Sprühflasche. Die gesunden, kräftigen Pflanzen können weiterwachsen; kleine, schwache oder verkümmerte sollten Sie jetzt schon mit einer Schere direkt über der Erde abschneiden und wegwerfen.

Spätestens wenn sich die Setzlinge gegenseitig berühren, etwa vier bis sechs Blätter haben, müssen Sie umtopfen. Verwenden Sie dabei eine kleine Schaufel oder ein breites Messer. Den Erdballen um die Wurzel sollten Sie nicht entfernen, damit die empfindlichen kleinen Seitenausläufer nicht beschädigt werden.

Füllen Sie den Pflanztopf zu mindestens einem Drittel mit Blähton, Kiesel oder einfach mit kleinen Kunststoffkügelchen (Verpakkungsmaterial), damit für die notwendige Drainage gesorgt ist. Darauf wird dann die nährstoffreiche Erde gesiebt. Den Setzling vorsichtig hineinstellen, rundherum mit Erde auffüllen und festdrükken.

Wenn Sie kleine Torftöpfe verwendet haben, ist das Umtopfen einfacher. Stellen Sie den Torftopf einfach in Wasser, damit er sich vollsaugt. Dann schneiden Sie den Boden vorsichtig weg, damit es die Wurzeln einfacher haben, an frische, nährstoffreiche Erde zu gelangen. Der Torftopf löst sich langsam auf und gibt weitere Nährstoffe ab.

So wie mit den Sämlingen verfahren Sie auch mit gekauften Setzlingen. Um den Verpflanzungsschock zu mildern, werden die neuen Gefäße so weit vorbereitet, daß die empfindlichen Pflanzen sofort in die neue Erde gesetzt werden können. Wenn Sie die Setzlinge gleich ins Freie stellen oder pflanzen möchten, sollten Sie sich dafür einen bedeckten, milden Tag aussuchen. Dann sind die Temperaturschwankungen nicht so groß wie an sonnigen, warmen Tagen.

Auf keinen Fall sollten selbstgezogene Sämlinge oder im Handel erworbene Setzlinge gleich am ersten Tag in die pralle Sonne. Lediglich kräftigen kleinen Stauden wie Rosmarin, Salbei oder Estragon macht das wenig aus.

Lassen Sie den Boden nie völlig austrocknen, da sind alle kleinen Pflanzen empfindlich. Gießen Sie regelmäßig – und genug. Wenn Sie für eine gute Drainage gesorgt haben, können Pflanzen meist nicht zuviel Wasser bekommen.

Einige Gewächse können nur durch Teilung vermehrt werden, oder die Pflanzen wachsen nach einer Teilung wieder kräftiger und schneller, wie bei Estragon und Schnittlauch. Stechen Sie mit einer Gabel tief in den Boden, und heben Sie die Pflanze so hinaus, daß möglichst viel Erde haften bleibt. Dann zerlegen Sie die Pflanze vorsichtig in zwei bis drei Teile, das alte Herz des Gewächses werfen Sie weg. Die neuen Pflanzen müssen genauso tief wieder eingepflanzt werden, wie sie vorher saßen. Danach muß gründlich gewässert werden.

Eine weitere Möglichkeit zur Vermehrung der Pflanzen ist das Abschneiden von Stecklingen bzw. Ablegern. Schneiden Sie einen Zweig mit mindestens zwei bis drei Blattpaaren an einer noch nicht verholzten Stelle ab, und setzen Sie ihn in sandige Erde. In diesem lockeren Boden ist für ausreichende Luftzufuhr gesorgt und die ungestörte Ausbildung der Wurzeln gewährleistet. Sobald der Ableger Wurzeln hat, muß er in nährstoffreiche Erde umgepflanzt werden.

Die Qual der Pflanzenwahl

Für die ersten Versuche der Minigärtnerei im Blumentopf haben vielleicht noch zwei bis drei Samentütchen aus dem Regal im Supermarkt oder ein paar von Freunden geschenkte Setzlinge ausgereicht. Wer planmäßig darangeht, seinen Balkon oder seine Terrasse mit Nutzpflanzen zu bebauen, der wird alsbald ein Gartenfachgeschäft aufsuchen und/oder einen Katalog vom Großhandel kommen lassen. Beides ist gleichermaßen überwältigend, was das breitgefächerte Angebot betrifft, und es verführt fast jeden dazu, sich allzuviel vorzunehmen.

»Bleiben Sie bescheiden« ist in diesem Fall nicht nur ein gutgemeinter, sondern auch einträglicher Rat, denn was nützt das bunteste Sammelsurium von Kräutern, Gemüsen und Obstsorten, wenn keine Pflanze davon eine Ernte bringt, mit der man halbwegs etwas anfangen kann.

In erster Linie richtet sich die Auswahl der Nutzgewächse natürlich nach dem persönlichen Geschmack. Wer Rote Bete verabscheut, wird sie sich nicht gerade auf den Balkon holen. Für einen einzigen Bohneneintopf oder ein Wurzelgemüsegericht braucht man schon mindestens ein knappes Kilo Ernteertrag auf einmal – und die entsprechende Anbaufläche. Liebhaber von Mischgemüse kommen dagegen auf dem Balkon schon eher auf ihre Kosten. Je eine Auberginen- und Zucchinipflanze sowie Tomatenstauden und ein Zwiebelbeet liefern genug Früchte für viele Ratatouilles. Knoblauch und die dazugehörenden Kräuter wie Thymian, Rosmarin und Basilikum gehören ohnehin fast zur Balkongarten-Grundausstattung.

Spezialisten bringen es fertig, ihre Minianbauflächen ganz nach dem individuellen Bedarf einzurichten. So kann man sich einen Salatgarten anlegen oder einen, der sich auf die süßen Beeren und Obstsorten beschränkt. Wiederum geht hier das Probieren übers Studieren.

Pflanzennachbarn, die sich gegenseitig helfen

Es ist eine allseits bekannte Tatsache, daß Monokulturen, also Anbauflächen mit nur einer einzigen Pflanzenart, anfälliger sind für Krankheiten und Schädlinge als Mischkulturen. Deshalb müssen wohl die modernen Bauern auf ihren Feldern soviel spritzen.

Selbst Umwelteinflüsse, die z. B. das bedrohliche Waldsterben verursachen, wirken sich dort am schlimmsten aus, wo der Forst aus überwiegend einer Baumart besteht. In Mischwäldern ist es längst noch nicht so spürbar wie in reinen Nadelbaumbeständen.

Die Natur sorgt mit einer unendlichen Artenvielfalt für ihre eigene Gesundheit. Früher, in den alten Bauern- und Klostergärten, hat man das beachtet. Mit unserem Minigarten können wir uns ein Beispiel daran nehmen.

Nachdem Sie die Pflanzen ausgesucht haben, die Sie zur möglichst reichen Ernte heranziehen möchten, geht es darum, den – beschränkten – Platz in den Beeten, Kübeln und Kästen zu verteilen.

Als erstes werden Sie daran denken, wie hoch und breit Ihre Gewächse werden, und den Garten so anlegen, daß die Pflanzen sich nicht bedrängen und sich nicht gegenseitig Luft und Sonne stehlen. Ähnliches gilt für die unterirdischen Pflanzenteile, auch die Wurzeln brauchen ihren Entfaltungsraum.

Zum zweiten wollen Sie ja das Nützliche mit dem Angenehmen verbinden und aus dem Nutzgärtchen eine Zierde machen. Die Pflanzen mit ihren unterschiedlichen Grüntönen, ihren verschiedenen Blattformen und den farbigen Blüten sollen hübsch zueinander passen. Spätestens bei der Planung müssen Sie beachten, daß es Pflanzen gibt, die sich gegenseitig nicht leiden können.

»Es kann der Beste nicht in Frieden leben, wenn es dem bösen Nachbarn nicht gefällt«, sagt ein altes Sprichwort, und Pflanzen reagieren da nicht anders als Menschen, die sich nicht riechen können. Sie drücken ihren Unfrieden, ihren ständigen Ärger darin aus, daß sie nicht gedeihen wollen oder voneinander wegwachsen.

»Sich nicht riechen können« ist übrigens wahrscheinlich die richtige Bezeichnung für das, was solch feindliche Pflanzen füreinander empfinden. Sie lehnen bestimmte Ausscheidungen der anderen ab.

Die meisten Gewächse verhalten sich zueinander neutral, sonst könnten ja in der Natur, auf einer Waldlichtung z. B., nicht so viele verschiedene Arten auf engstem Raum zusammenleben.

Eine dritte Gruppe bilden Pflanzen, die sich regelrecht sympathisch finden, sich zu vermehrtem Wachstum, üppiger Blüte und reicher Fruchtentwicklung anhalten und auch noch Schädlinge voneinander fernhalten. Von diesen Pflanzenpartnerschaften können Sie in Ihrem Gärtchen profitieren.

Die nachfolgenden Tabellen geben Aufschluß über Freundschaften und Feindschaften sowie die Schädlingsabwehrkraft der wichtigsten Kräuter- und Gemüsesorten. Auch einige besonders wirksame und damit »nützliche« Ziergewächse sind mit aufgeführt.

Gute Pflanzenpartner

Basilikum – Gurken,Tomaten
Bohnenkraut – Bohnen, Zwiebeln
Borretsch – Erdbeeren,Tomaten, Zucchini
Buschbohnen – Bohnenkraut, Erdbeeren, Kohlgewächse, Kohlrabi, Kopfsalat, Mangold, Pflücksalat, Radieschen, Rettich, Rhabarber, Rote Bete, Salbei, Sellerie, Tomaten
Dill – Kohlgewächse, Sellerie,
Endivien – Kohlgewächse, Lauch, Stangenbohnen
Erbsen – Gurken, Karotten, Kohlgewächse, Kohlrabi, Kopfsalat, Möhren, Radieschen, Rettich, Salbei
Erdbeeren – Borretsch, Buschbohnen, Knoblauch, Kohlgewächse, Kopfsalat, Lauch, Radieschen, Rettich, Spinat, Tomaten, Zwiebeln
Gurken – Basilikum, Bohnenkraut, Erbsen, Knoblauch, Kohlgewächse, Kopfsalat, Kresse, Radieschen, Sellerie, Sonnenblumen, Stangenbohnen, Zwiebeln
Karotten/Möhren – Erbsen, Knoblauch, Lauch, Mangold, Radieschen, Rettich, Tomaten, Zwiebeln
Kartoffeln – Kohl, Spinat
Knoblauch – Erdbeeren, Gurken, Himbeeren, Karotten, Möhren, Tomaten
Kohlgewächse – Buschbohnen, Dill, Endivien, Erbsen, Gurken,

Kapuzinerkresse, Kartoffeln, Kopfsalat, Lauch, Mangold, Pflücksalat, Radieschen, Rettich, Rhabarber, Rosmarin, Salbei, Sellerie, Spinat, Stangenbohnen, Tomaten
Kohlrabi – Buschbohnen, Dill, Erbsen, Kopfsalat, Kresse, Lauch, Radieschen, Rettich, Rosmarin, Salbei, Sellerie, Spinat, Stangenbohnen, Tomaten
Kopfsalat – Buschbohnen, Erbsen, Erdbeeren, Gurken, Kapuzinerkresse, Kohlgewächse, Kohlrabi, Lauch, Radieschen, Rettich, Rhabarber, Stangenbohnen, Tomaten, Zwiebeln
Kresse – Gurken, Kohlgewächse, Kohlrabi, Melonen, Radieschen, Salat, Tomaten, Zucchini
Lauch – Endivien, Erdbeeren, Karotten, Kohlgewächse, Kohlrabi, Kopfsalat, Möhren, Sellerie, Tomaten
Mangold – Buschbohnen, Karotten, Kohlgewächse, Möhren, Radieschen, Rettich
Petersilie – Radieschen, Rettich, Tomaten
Pflücksalat – Buschbohnen, Erdbeeren, Kohlgewächse, Radieschen, Rettich, Rhabarber, Tomaten, Zwiebeln
Radieschen/Rettiche – Buschbohnen, Erbsen, Erdbeeren, Gurken, Kapuzinerkresse, Karotten, Kohlgewächse, Kohlrabi, Kopfsalat, Mangold, Petersilie, Pflücksalat, Spinat, Stangenbohnen, Tomaten
Rhabarber – Buschbohnen, Kohlgewächse, Kopfsalat, Pflücksalat, Spinat
Rosmarin – Erbsen, Kohlgewächse, Salbei
Salbei – Bohnen, Erbsen, Kohlgewächse, Rosmarin
Sellerie – Buschbohnen, Gurken, Kohlgewächse, Kohlrabi, Lauch, Rhabarber, Stangenbohnen, Tomaten
Spinat – Erdbeeren, Kartoffeln, Kohlgewächse, Kohlrabi, Radieschen, Rettich, Tomaten
Stangenbohnen – Bohnenkraut, Endivien, Gurken, Kohlgewächse, Kohlrabi, Kopfsalat, Radieschen, Rettich, Sellerie
Tomaten – Basilikum, Buschbohnen, Kapuzinerkresse, Karotten, Knoblauch, Kohlgewächse, Kohlrabi, Kopfsalat, Lauch, Petersilie, Pflücksalat, Radieschen, Rettich, Ringelblume, Schnittlauch, Sellerie, Zwiebeln
Zwiebeln – Bohnenkraut, Erdbeeren, Gurken, Karotten, Kamille, Kopfsalat

Schlechte Pflanzenpartner

Buschbohnen – Erbsen, Knoblauch, Lauch, Zwiebeln
Erbsen – Buschbohnen, Kartoffeln, Lauch, Stangenbohnen, Tomaten
Gurken – Radieschen, Rettich, Tomaten
Kartoffeln – Erbsen, Kohlgewächse, Sellerie, Tomaten
Knoblauch – Buschbohnen, Erbsen, Kohlgewächse, Stangenbohnen
Kohlgewächse – Erdbeeren, Knoblauch, andere Kohlgewächse, Zwiebeln
Kohlrabi – Kartoffeln
Kopfsalat – Sellerie
Lauch – Buschbohnen, Erbsen, Petersilie, Stangenbohnen
Petersilie – Kopfsalat
Radieschen/Rettich – Gurken
Sellerie – Kartoffeln, Kopfsalat
Stangenbohnen – Erbsen, Knoblauch, Lauch, Zwiebeln
Tomaten – Erbsen, Gurken, Kartoffeln
Zwiebeln – Buschbohnen, Kohlgewächse, Stangenbohnen

Pflanzen, die Schädlinge abwehren

Basilikum	Fliegen
Beifuß	Kohlweißling
Bohnenkraut	Blut- und Blattläuse (bei Buschbohnen)
Borretsch	Schnecken (bei Kohl)
Dill	Kohlweißling
Feldsalat	Ameisen
Kerbel	Schnecken, Läuse
Knoblauch	Mäuse, Wühlmäuse, Schnecken, Mehltau
Kresse	Schnecken, Blut- und Blattläuse
Lavendel	Ameisen, Mäuse, Motten, Blut- und Blattläuse
Meerrettich	Kartoffelkäfer
Pfefferminze	Kohlweißling, Erdflöhe

Radieschen/Rettich	Erdflöhe (bei Salat)
Rhabarber	Nematoden (Wurzelälchen)
Salbei	Schnecken, Kohlweißling, Läuse
Schnittlauch	Mehltau
Tagetes (Studenten-blume)	Nematoden (Wurzelälchen)
Thymian	Läuse, Kohlweißling, Schnecken
Tomaten	Fliegen, Kohlweißling
Wermut	Erdflöhe, Ameisen
Ysop	Schnecken
Zwiebeln	Schnecken, Möhrenfliege
Möhren	Zwiebelfliege

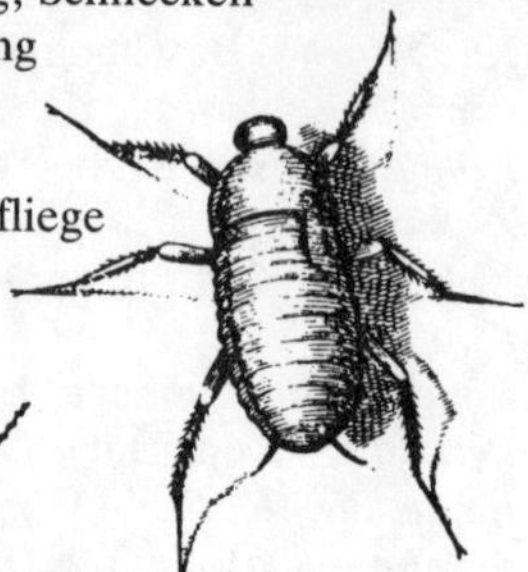

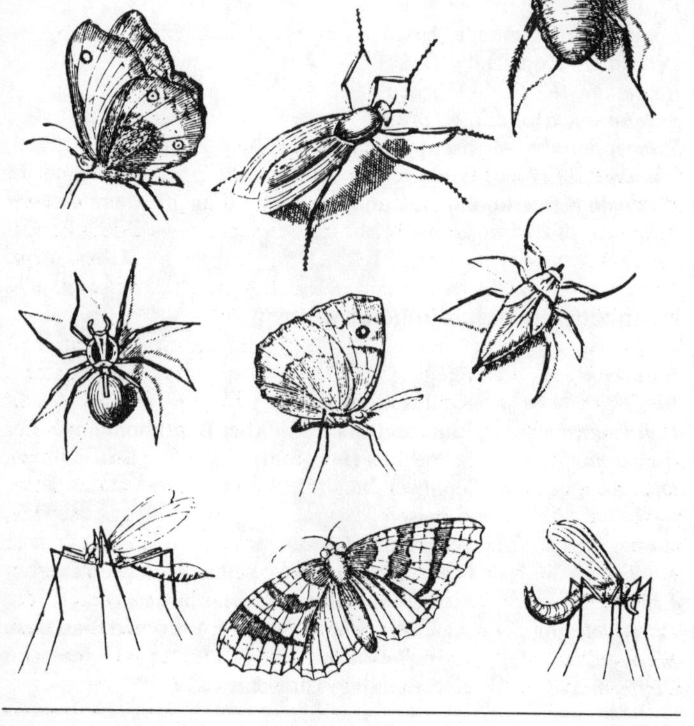

Pflanzenpflege und Pflanzenschutz

Wässerung und Drainage

Das A und O der Pflanzenpflege ist die richtige Bewässerung. In ihrem Topf sind unsere Nutzgewächse darauf angewiesen, daß wir ihnen das geben, wofür die Natur mit Regen, Tau und dem Feuchtigkeitsaustausch der verschiedenen Erdschichten selbst sorgt. Selbst der Freilandgärtner muß gießen, besonders dann, wenn alle Welt sich über schönes Wetter freut.

Ein ausgewogener Wasserhaushalt ist wichtig, auch in dem kleinen Stück Erdreich, das in Kübel oder Kasten zur Verfügung steht. Die Wurzeln sollen nicht austrocknen, sie mögen aber auch nicht versumpfen. Der nasse Segen, ob er vom Himmel oder aus der Gießkanne kommt, muß abfließen können. Für eine gute Drainage sorgen bei Kübeln, Töpfen, Eimern, Kästen und allen anderen Behältern die Löcher im Boden. Das reicht jedoch nicht immer aus, um unsere Pflanzen davor zu bewahren, mit den »Füßen im Wasser zu stehen«. Selbst in den niedrigen Balkonkasten mit vielen Drainagelöchern werden zusätzlich noch etwa 2 cm hoch Kieselsteine oder Tonscherben gefüllt, besonders dann, wenn die Abflußlöcher nach oben versetzt sind. Das sollte nicht nur für Kräuter, Gemüse und Obst gelten, auch Zierpflanzen sind dankbar dafür.

Die ideale Feuchtigkeit für Pflanzen ist immer noch das natürliche Regenwasser. Auch wenn in der heutigen Zeit das Regenwasser nicht mehr nur schön, sondern manchmal auch schön sauer macht – es ist immer noch besser als zu hartes Leitungswasser. Übersäuertes Regenwasser kann außerdem mit etwas Kalk wieder »entsäuert« werden. Ein paar Eierschalen reichen schon aus.

Wenn Sie Hausbesitzer sind, dürfte es einfach sein, Regenwasser aufzufangen. Die guten alten Regentonnen sind wieder groß in Mode. Balkonbesitzer haben vielleicht die Möglichkeit, eine Dachrinne oder das Abflußrohr anzuzapfen, damit sie an das weiche Wasser kommen. Eine nach innen verlängerte Klappe im Rohr, schon haben Sie Regenwasser, wenn Sie es brauchen. Haben Sie genügend abgezapft, klappen Sie den Einsatz einfach wieder zu.

Wenn das nicht möglich ist, müssen die Pflanzen eben Wasser aus dem Hahn trinken, auch wenn sie vielerorts hart daran zu schlucken haben. Welchen Härtegrad Ihr Leitungswasser hat, kann das örtliche Wasserwerk Ihnen sagen. Gemessen wird die Härte am Gehalt des Calciumoxids (mg/100 ccm Wasser) in °dH (deutscher Härtegrad). 0 bis 4 °dH = sehr weiches, 4 bis 8 °dH = weiches, 8 bis 12 °dH = mittelhartes, 12 bis 30 °dH = hartes, über 30 °dH = sehr hartes Wasser. Erkundigen Sie sich nach dem Härtegrad Ihres Was-

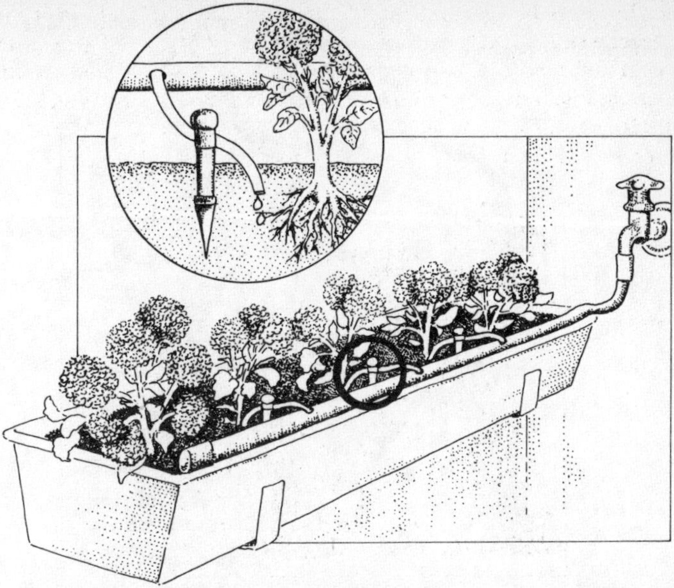

sers. Bei hartem und sehr hartem Wasser sollten Sie mit Präparaten, die Sie im Fachhandel bekommen, ein wenig weichspülen.

Auf jeden Fall sollten Sie abgestandenes Wasser zum Gießen nehmen. Auch wenn Sie kein Regenwasser auffangen können, stellen Sie sich, je nach Größe Ihres »Gartens«, einen Eimer oder eine Tonne in eine Ecke, in der Sie das Wasser einen Tag lang oder länger stehenlassen können. Dabei erwärmt es sich gleichzeitig noch etwas.

Wieviel Wasser Ihre Pflanzen brauchen, werden diese Ihnen schon zu verstehen geben. Die verschiedenen Gewächse haben unterschiedlich großen Durst. Außerdem spielen andere Dinge dabei eine Rolle, wie z. B. das Volumen des Pflanzgefäßes. Je kleiner der Topf, um so größer die Verdunstung. Heben Sie einen kleinen Topf kurz an, er wird Ihnen zu leicht vorkommen, wenn die Erde trocken ist. Bei großen Töpfen brauchen Sie nur anzuklopfen. Klingt es hohl und hell, ist die Erde trocken. Dumpfer Klang beweist, daß die Erde noch feucht ist. Abgesehen davon brauchen Sie ja nur hinzusehen:

Trockene Erde, welke, vielleicht schon zusammengerollte Blätter – dann wird es höchste Zeit zum Gießen.

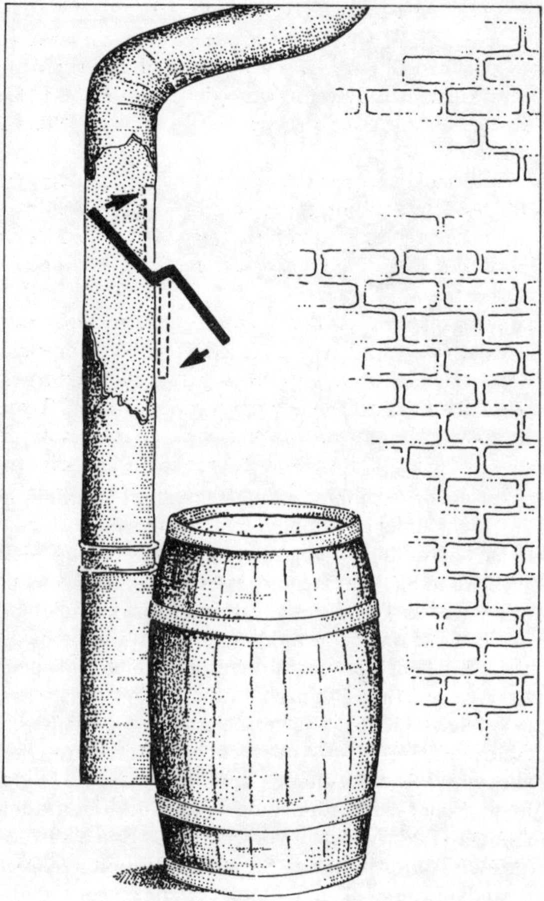

Gießen Sie im Sommer grundsätzlich abends, dann sparen Sie viel Wasser, weil sich die Pflanze über Nacht vollsaugt und nicht so viel verdunstet. Im Frühjahr am besten morgens gießen, damit sich die Erde über Tag wieder erwärmen kann. Sie brauchen auch nicht regelmäßig alle Pflanzen zu gießen, sondern jeweils nach Bedarf. Bei kühler, feuchter Witterung seltener als in heißen Zeiten. Lassen Sie das überschüssige Wasser noch bis zu einer halben Stunde im Untersetzer, dann kann sich auch der Tontopf noch vollsaugen. Das dann überschüssige Wasser wird weggegossen, damit die Pflanzen kein Fußbad nehmen.

Ist die Erde völlig ausgetrocknet, hilft einmaliges Gießen nicht. Dann muß der Topf in Wasser getaucht werden, bis sich keine Bläschen mehr an der Oberfläche bilden. Beim Gießen würde das Wasser nur durch die Erde hindurchlaufen, die Erde selbst nimmt nicht viel auf.

Doch was tut man, wenn man einige Tage verreist und niemanden findet, der die Pflanzen gießt? Kleinere Töpfe versorgt ein dicker Baumwollfaden, ein Ende in einem gefüllten Wassergefäß, ein Ende in der Erde, das das Wasser je nach Bedarf der Pflanze in den Topf leitet. Das Wassergefäß sollte höher stehen als die Blumentöpfe. Bei größeren Kübeln oder Kästen wird einfach eine (oder mehrere) mit Wasser gefüllte Flasche mit dem Hals nach unten ins Erdreich gesteckt.

Es gibt im Handel außerdem Sauger, deren Schlauch man in eine gefüllte Flasche oder einen Eimer hängen kann. Der Regler wird dann in den Topf gesteckt. Die Erde nimmt sich nun, was sie braucht. Dabei spielt es keine Rolle, ob der Wasserbehälter tiefer, höher oder auf gleicher Höhe mit der Pflanze steht. Im Fachhandel erhältlich ist ebenfalls eine »automatische Bewässerungsanlage«. Diese besteht aus einem Schlauch, an dem eine Anzahl dünner Tropfschläuche mit Reglern angebracht ist. Diese Regler steckt man wiederum in die Erde, sie reagieren auf Trockenheit und spenden Wasser nach Maß. Der Hauptschlauch kommt in einen Wasserbehälter, der an der Wand angebracht wird. Je nach Größe dieses Behälters ist das Wasserproblem für kürzere oder längere Zeit gelöst.

Düngen und Düngemittel

Genauso wichtig wie die optimale Zusammensetzung der Erde ist das mäßige, aber regelmäßige Düngen Ihrer Pflanzen. Dabei ist zu beachten, daß die Pflanzen einen unterschiedlichen Bedarf von Düngezusätzen haben. Große Düngerfresser sind z. B. alle Kohlsorten, Gurken, Lauch, Sellerie, Fenchel und auch die Erdbeeren. Etwas anspruchsloser sind Möhren, die frühen Kartoffeln, Zwiebeln, Erbsen und Bohnen, Salat, Kohlrabi, Spinat und Porree, und sehr genügsam sind alle Küchenkräuter, Radieschen und Rettiche sowie Feldsalat. Weiterhin gilt zu beachten, daß Blattgemüse wie Spinat oder Mangold und Salat mehr Stickstoff brauchen, Fruchtgemüse wie Erbsen, Bohnen, Tomaten, Auberginen und Paprika benötigen Phosphor, und alle Wurzelgemüse, wie z. B. Möhren oder Karotten und Radieschen, verzehren mehr Kalium.

Damit ist ein Teil der Hauptnährstoffe schon genannt: Stickstoff, Phosphor und Kali. Dazu kommen noch Magnesium, Kalk und Spurenelemente.

Stickstoff braucht die Pflanze, um Triebe und Blätter zu bilden. Ein Zuviel an Stickstoff bei Fruchtgemüse bedeutet deshalb, daß zwar die Blätter sehr gut ausgebildet sind, aber dies auf Kosten der Früchte geht.

Phosphor ist wichtig für die Entwicklung von Blüten, Samen und Früchten. Er wird aus Meeresablagerungen hergestellt.

Kali festigt das oberirdische Gewebe der Pflanzen und fördert das Wachstum von Wurzeln und Knollen. Hier verwenden Sie am besten Kalimagnesium oder Patentkali, das chloridfrei und mit Magnesium angereichert ist. Kalimangel kann besonders in Sandböden auftreten.

Kalk regt die Arbeit der Mikroorganismen an und ist besonders für leichten Boden geeignet. Meeresalgenkalk enthält 10 Prozent Magnesium und viele Spurenelemente.

Kalk und sehr viele *Spurenelemente* enthält auch das vulkanische Urgesteinsmehl (Granit, Porphyr, Basalt, Gneis, Kiesel). Zu den Spurenelementen gehören neben Magnesium und Eisen Arsen,

Bor, Fluor, Jod, Kobalt, Kupfer, Mangan, Silizium und Zink. Die Spurenelemente sind nicht nur für Menschen, sondern auch für alle tierischen und pflanzlichen Lebewesen unentbehrlich. Meistens fehlt es den Pflanzen an Eisen. Das zeigt sich z. B. an gelben Blättern, deren Blattadern noch grün sind. Hier helfen Eisenchelate.

Wer sich in Fachgeschäften umschaut und sich Prospekte besorgt, wird verwirrt sein von dem reichhaltigen Angebot biologisch-dynamischer Düngemittel. Detaillierte Beschreibungen und Gebrauchsanweisungen lassen kaum eine Frage offen und versprechen darüber hinaus üppiges Wachstum und reiche Ernte. Hier einige Beispiele:

Rizinusschrot ist ein Dünger pflanzlichen Ursprungs mit mindestens 5 Prozent Stickstoff.
Blut- und Hornmehl haben tierischen Ursprung und enthalten 10 bis 14 Prozent Stickstoff.
Knochenmehl enthält 30 Prozent Phosphat.

Weiterhin gibt es Fertigpackungen mit verschiedenen Mischungen aus Stickstoff, Phosphor und Kalium. Auf den entsprechenden Packungen finden Sie den prozentualen Anteil dieser Bestandteile, wie 20 – 10 – 4, 5 – 10 – 5 und viele andere Zusammenstellungen. Die Zahlen stehen immer in der gleichen Reihenfolge: Stickstoff – Phosphor – Kalium.

Eine sehr einfache und schnell wirksame Möglichkeit des organischen Düngens ist das Zubereiten einer Brühe aus viel Wasser, möglichst Regenwasser, und Küchenabfällen, wie z. B. Eierschalen, rohen Gemüseresten, Kartoffelschalen, Kaffeesatz, Teeblättern usw. Alles zuerst mit wenig Wasser im Mixer pürieren, dann mit Regenwasser auffüllen. Mit dieser Mischung gießen Sie dann Ihre Pflanzen. Über die darin enthaltenen Mineralien und Spurenelemente freut sich jedes Kraut und Gemüse.

Mist ist das älteste Düngemittel der Menschheit und erfreut sich neuerdings wieder wachsender Beliebtheit. Biologischer Ackerbau ohne Stalldung ist undenkbar, schließt sich doch damit der natürliche Kreislauf, in dem der Erde mit den Exkrementen das zurückgegeben wird, was die Tiere von ihr abgefressen haben.

Mist ist organische Masse, die alle wertvollen Nährstoffe in unterschiedlicher Zusammensetzung enthält. Wir wollen hier nicht erörtern, ob Kräuter und Gemüse besser mit Rinderdung oder Hühnerdreck, mit Pferdemist oder Schweineexkrementen gedeihen. Sie sollten nämlich sich und Ihren Nachbarn ersparen, mit dem frischen Stalldünger zu hantieren. Bei aller Liebe zur Natur reagieren Stadtnasen empfindlich auf solche ländlichen Gerüche.

Am besten wirkt Mist ohnehin in gut verrottetem Zustand, und so kann man ihn fertig, zusammen mit Torf kompostiert, in handlichen Säcken abgepackt kaufen. Eine dünne Lage davon, im Herbst auf Beete und Erdflächen in Töpfen und Kästen aufgestreut, verströmt nur einen zarten »Duft« und verhilft im nächsten Jahr zu üppiger Fruchtbarkeit. Auch im zeitigen Frühjahr ist Mistkompost sehr nützlich.

Im Fachhandel gibt es außerdem getrockneten, abgepackten Stallmist, der in Wasser gelöst werden kann und über die Erde gegossen wird. Gärtner kennen diese Brühe als »Düngetee«.

Guano gilt als »wundertätiger Heiliger aus Peru«. Er stammt von Millionen von Seevögeln, die ihren Kot auf die Küstenfelsen und die vorgelagerten Inseln des südamerikanischen Staates haben fallenlassen. Im Laufe der Jahre meterhoch aufgetürmt und von der Sonne ausgetrocknet, hat sich dieser Vogeldreck in konzentrierten Dünger verwandelt.

Guano enthält 12 Prozent Phosphor und sorgt damit für verschwenderischen Blütenreichtum und reiche Fruchternte. Damit qualifiziert er sich als Düngemittel für Zierpflanzen, Obstgehölze und Beerensträucher. »Kalifressern« wie Wurzel- und Knollengemüse hat er mit nur 2 Prozent Kali nicht viel zu bieten.

Im Handel ist Guano als Pulver und sogar in flüssiger Form erhältlich, so daß er sich leicht dosieren läßt. Allerdings ist dieser Modedünger auch nicht ganz billig.

Belauscht man begeisterte Gärtner beim Gespräch, so wird man allerlei Geheimrezepte erfahren, denen viele nützliche Tips entnommen werden können. Der eine spült Milchflaschen nur über dem Gemüsebeet aus, der andere verbuddelt Bananenschalen, die tatsächlich beachtliche Mengen von Kalk, Phosphat und Spurenelementen enthalten. Auch ausrangierte Lederschuhe geben, im Gartenboden vergraben, eine Menge nützlicher Dinge an die Erde ab. Wer gern mal ein Bierchen trinkt, kann seine Pflanzen am Genuß teilhaben lassen. Bierhefe soll schon halbtote Chausseebäume gerettet haben. Selbst Geschirrspülwasser, sofern es nicht mit Mengen chemischer Mittel angereichert ist, empfiehlt sich zum nahrhaften Gießen.

Grundsätzlich soll beim Düngen das Gebot der Sparsamkeit vorangestellt sein. Wer einen eigenen Komposthaufen (siehe Seite 29) angelegt hat, weiß seine Pflanzen wohlversorgt. Was sie darüber hinaus benötigen, signalisieren sie. Das Wissen um den wirksamen, maßvollen Gebrauch von Dünger läßt sich nicht mit bunten Werbebroschüren vermitteln, es wächst mit der Erfahrung.

Lassen Sie also Ihrem Nutzgärtlein Zeit, sich selbst zu entwickeln, bevor Sie es in wohlgemeintem Düngesegen ertränken.

Hausgemachter Pflanzenschutz

Gemüse ohne chemischen Dünger und ohne chemische Schädlingsbekämpfung, also natürlich gewachsene Nahrungsmittel, enthalten im Durchschnitt 18 Prozent mehr Eiweiß, 28 Prozent mehr Vitamin C, natürlich auch mehr andere Vitamine, und 19 Prozent mehr Zucker – der sicher nicht dick macht. All das sind Vorteile, die die Anlage eines noch so kleinen Biogartens lohnend machen. Daß frische Kräuter, Obst und Gemüse aus eigener Zucht viel besser schmecken als gekaufte Ware, die vielleicht Tage und Wochen unterwegs war, bis wir sie auf den Märkten kaufen können, weiß jeder.

Auf gutem Boden gewachsenes, mit den entsprechenden Pflanzenpartnern vor Schädlingen geschütztes Obst und Gemüse braucht im Normalfall nicht mit Schädlingsbekämpfungsmitteln behandelt zu werden. Wenn es nun aber doch von Läusen, Spinnmilben, anderen unerwünschten Mitessern oder Pilzkrankheiten befallen ist, braucht man noch lange nicht zur Giftspritze zu greifen. Abgesehen von biologisch reinen Mitteln, die man mittlerweile in guten Fachgeschäften kaufen kann, ist die immer noch bessere und vor allem billigere Methode der selbstgemachte Pflanzenschutz, mit dem Sie nicht nur Kräuter, Obst und Gemüse, sondern auch Zimmerpflanzen »behandeln« können. Die Herstellung ist denkbar einfach, und die Flüssigkeiten haben obendrein noch einen düngenden Effekt.

Hier einige Rezepte für Ihre selbstgemachten Pflanzenschutzmittel.

Grundzubereitungen:
Tee – wird genauso zubereitet wie der Tee, den Sie trinken. 3 bis 4 Teelöffel mit 1 Liter kochendem Wasser überbrühen und 10 bis 15 Minuten abgedeckt ziehen lassen. Absieben und abgekühlt unverdünnt über die Pflanze gießen oder sprühen.

Kaltwasser-Auszug – Frisches Grün mit kaltem Wasser bedecken und 18 bis 24 Stunden ziehen lassen. Die Mischung darf nicht gären. Kaltwasser-Auszug unverdünnt über die Pflanze sprühen.

Brühe – 1 kg frische oder 150 g getrocknete Pflanzen 24 Stunden in 10 Liter Wasser, möglichst Regenwasser, einweichen. Aufkochen und auf kleiner Flamme 30 Minuten weiterkochen lassen. Abgießen und unverdünnt sprühen; bei Zimmerpflanzen und bei geringem Schädlingsbefall verdünnt anwenden.

Jauche – 1 kg frische oder 150 g getrocknete Pflanzen in einem Eimer (keine Metallgefäße verwenden) mit 10 Liter abgestandenem Wasser oder auch Regenwasser ohne Abdeckung 2 bis 3 Wochen in der Wanne gären lassen. Nach der Gärzeit schäumt die Jauche nicht mehr. Damit die Nachbarn nicht allzusehr belästigt werden – denn Jauche riecht so, wie sie heißt –, geben Sie etwas Steinmehl oder Baldrianblüten-Extrakt zu. Die fertige Jauche sieben und 1 : 10 verdünnen. Jauche immer nur auf den Boden sprühen, Pflanzenteile könnten anfangen zu faulen. Jauche wirkt stärker als Brühe gegen Schädlinge im Boden, ist allgemein pflanzenstärkend und insektenabwehrend.

Folgende Pflanzen können zur Abwehr benutzt werden:
Brennesseln – sind reich an Vitaminen und Mineralien. Die Brenn-

haare enthalten das Nesselgift Histamin. Brennesseln können getrocknet und frisch verwendet werden. Brennesselbrühe, -tee und -jauche helfen hauptsächlich gegen Blattläuse, aber auch gegen Spinnmilben und Ameisen. Brennesseln sind allgemein pflanzenstärkend.

Knoblauch und Zwiebeln – enthalten schwefelhaltige ätherische Öle, die bakterizid und fungizid wirken. Als Tee oder Brühe auf die Erde gegossen, gegen Pilzerkrankungen bei Kartoffeln und Erdbeeren.

Rhabarber – Tee aus 1 kg frischen Blättern auf 6 Liter Wasser gegen schwarze Läuse und Lauchmotten.

Schachtelhalm – enthält sehr viel Kieselsäure. Er wird als Brühe oder Tee 1 : 5 verdünnt, eingesetzt gegen Pilzerkrankungen wie Mehltau, Blattflecken, Schorf und gegen Milben.

Wermut – ist eine beifußähnliche Pflanze mit ätherischen Ölen, Bitterstoffen und Gerbsäure. Tee wird unverdünnt, nur während der Blüte bis zur Fruchternte 1 : 3 verdünnt gesprüht. Hilft bei der Abwehr von Läusen, Ameisen und Raupen.

Ein weiteres, einfach herzustellendes Mittel ist die
Seifenlauge – sie wird gegen Blattläuse gespritzt. Hierfür etwa 20 g Schmierseife, besser noch die Weinbergseife, die Sie in der Drogerie erhalten, in 2 Liter Wasser auflösen und über die Pflanzen spritzen. Bei Zimmerpflanzen und Topfpflanzen ist es einfacher, diese kopfüber kurz in die Brühe einzutauchen. Gegen sehr starken Läusebefall kann die Seifenlauge auch mit *Brennspiritus* vermischt werden. Diese Mischung sollte aber nicht auf Kräuter oder Zimmerpflanzen gespritzt werden.

Neben diesen Spritz- und Gießmitteln sollen die kleinen und größeren Schädlingsfeinde nicht vergessen werden, die die Natur selbst hervorbringt. Ein putziger Marienkäfer z. B. frißt täglich große Mengen Läuse. Vor einer Spinne im Gemüsebeet mag manchen das

Kleine Tabelle der Pflanzenschädlinge und ihrer Abwehr

Pilzerkrankungen (Mehltau, Schorf, Rost, Blattflecken)	Zwiebelauszug, Knoblauch-Zwiebel-Jauche, Schachtelhalmbrühe; bei Tomaten und Paprika: Magermilch oder verdünnte Milch	
Läuse allgemein	Brennesseljauche, Seifenlauge, Wermuttee	+ Marienkäfer, Spinnen, Florfliegen, Ohrwürmer, Raubwanzen, Vögel
Schwarze Läuse	Rhabarbertee	
Blattläuse	Brennesseljauche, -brühe, -auszug, Seifenlauge, Wermutbrühe	
Schildläuse	Seifenlauge	
Blutläuse	Wermuttee, Seifenlauge	
Milben	Zwiebelauszug, Wermuttee, Seifenlauge	
Lauchmotte	Rhabarbertee	
Insekten allgemein	alle Brennesselzubereitungen	
Raupen	Wermuttee	+ Vögel, Spinnen
Erdflöhe	Steinmehl	
Schnecken	Steinmehl, Sägemehl – auf den Boden gestreut	+ Igel, Kröten, Spitzmäuse, Blindschleiche, Laufkäfer, Amseln, Stare
Wühlmäuse (Hügelbeet, Terrasse)	Jauche aus Holunderblättern	Katzen, Iltis, Greifvögel

kalte Grausen erfassen. Lassen Sie sie trotzdem leben, auch auf dem Balkon. Sie tut Ihren Pflanzen nichts, sondern fängt Insekten. Ohrwürmer sind ebenso nützlich wie eklig, aber schließlich sieht man sie kaum, denn sie jagen nachts. Gegen Vögel hat sicher niemand etwas einzuwenden. Man kann sie – durch Winterfütterung – auch in der Stadt als nützliche Gartengäste heranlocken.

Enzyklopädie der Kräuter, Gemüse, Gewürze und Obstsorten

Die richtige Auswahl der Pflanzen zu treffen, die im Blumentopf, auf dem Balkon und im Minigarten wachsen sollen, setzt eine Kenntnis ihrer speziellen Bedürfnisse an Erde, Bewässerung und Licht, ihrer Wuchshöhe und -ausdehnung und ihrer Verwendungsmöglichkeiten voraus.

Die nachfolgenden Beschreibungen nehmen auf das beschränkte Platzangebot in der Kleinnutzplantage Rücksicht und erläutern, was vor und während der Anzucht zu beachten ist. Darüber hinaus wird erwähnt, welche Würz- und Heilkraft in den Gewächsen steckt und wie man das, was nicht frisch verbraucht wird, am schonendsten konserviert.

Ein sorgfältiges Vorstudium erspart manche Enttäuschung.

Angelika
(Erz-)Engelwurz
Angelica archangelica

Angelika ist mit der Petersilie verwandt, wird aber 1,20 bis 2 m hoch. Im ersten Jahr bilden sich dicke, fleischige, grau-braune Wurzeln und lange gefiederte Blätter. Erst im zweiten Jahr wachsen die hohlen, dicken Stengel mit grünlich- oder gelblich-weißen Dolden. Blütezeit ist im Juli/August.

Angelika ist im Handel als Samen oder kleine Staude erhältlich.

Die Pflanze benötigt einen großen, tiefen Topf, einen Kübel oder, im günstigeren Fall, einen Platz im Vorgarten in einer nicht zu sonnigen Ecke mit feuchtem, leicht saurem Lehmboden. Die Wurzeln reichen 50 bis 60 cm tief in die Erde.

Von selbstgezogenen Sämlingen behält man nur die kräftigsten. Die Pflanze ist mehrjährig, wenn man die Stengel im zweiten Jahr abschneidet, bevor sich die Blüten bilden. Dann wachsen neue Triebe. Will man Samen, läßt man Angelika reifen, schneidet die Dolden ab und trocknet sie im Schatten. Die Samen lösen sich dann leicht aus ihrer Umhüllung. Nach der Ernte stirbt die Pflanze. Angelikasamen verliert schnell die Keimkraft, muß sofort nach der Ernte etwa $^1/_2$ cm tief in die Erde gedrückt werden. Ist das nicht möglich, sollten die Körner auf jeden Fall im Kühlschrank aufbewahrt werden.

Die ganze Pflanze ist verwendbar. Aus den leicht bitter schmeckenden Blättern können Sie Spinat kochen, die jungen Triebe werden wie Rhabarber zubereitet oder kandiert als Garnierung verwendet. Die ähnlich wie Wacholderbeeren schmeckenden Früchte und getrockneten Wurzeln helfen als Tee bei träger Verdauung, sind blähungshemmend und nervenstärkend. Vielen Kräuterlikören gibt Angelika einen würzigen, leicht bitteren Geschmack. Feingehackte Blätter verfeinern Fischsuppen und Gemüsesalate, die Blätter und die zerstoßenen Samenkörner würzen Orangen- oder Rhabarbermarmeladen und -kompotte.

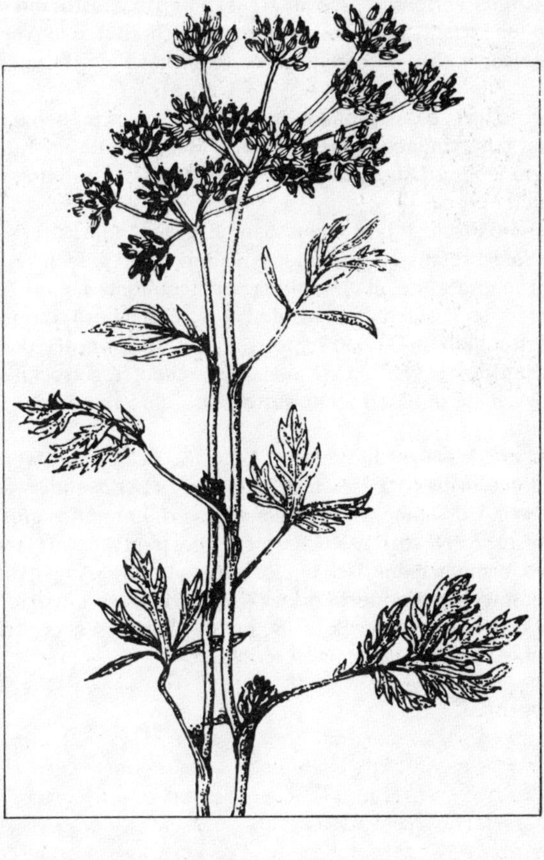

Anis
Pimpinella anisum

Der Anis kommt vermutlich aus Vorderasien. Die Chinesen verwendeten ihn schon vor 3500 Jahren als Tee und als Gewürz, z. B. in der Sojasauce, die in fast keinem chinesischen Gericht fehlt. Die alten Römer verfeinerten Wein, Oliven und auch Brot mit der stark duftenden Frucht. Im Mittelalter wurde verbreitet, daß Anis die Potenz steigere: »Enyß in Speis gegessen bringt Begirde zu ehelichen Werken.«

Anis gehört zu den Doldenblütlern und hat zarte, behaarte Stengel und petersilienähnliche (größere) Blätter. Die im Juli/August weiß blühenden Dolden bringen grünliche, ei- oder birnenförmige Früchte hervor.

Die einjährige Pflanze, aus Samen gezogen, wird etwa 80 cm hoch. Sie ist relativ einfach zu kultivieren, kann jedoch keine Kälte vertragen und sollte an einem sehr sonnigen Platz stehen. Die Erde muß stets feucht gehalten werden. Im September/Oktober, wenn die Blätter gelb und die Früchte graugrün sind, werden die Dolden abgeschnitten, in warmem Wasser gewaschen, abgetrocknet und an einer warmen, dunklen Stelle getrocknet, die Samen später herausgeklopft.

Anissamen sollen dunkel und luftdicht aufbewahrt werden; sie können im nächsten Jahr wieder zur Aussaat verwendet werden.

Tee aus Anissamen wirkt magenstärkend, krampflösend und verdauungsfördernd. In der Küche verwendet man Anis in Gebäck und süßen Saucen, in chinesischen Gerichten und, wie Angelika, bei der Herstellung von Kräuterlikören. Anis wirkt auch korrigierend bei zu starkem Salzgeschmack, z. B. bei der Heringszubereitung oder anderen zu salzig eingelegten Gerichten.

Basilikum
Basilienkraut, Königskraut
Ocimum basilicum

»Man braucht's außen und inwendig«, schrieb Adam Lonicerus 1679 in seinem Kräuterbuch.

Das einjährige Basilikum wird 20 bis 60 cm hoch, hat verzweigte Stengel und viele ovale, hellgrüne Blätter. Es blüht weiß-rosa in langen Trauben am Ende der Stengel von Juni bis September.

Basilikum ist im Handel als Samen und Jungpflanze erhältlich. Samen dürfen nur ganz leicht mit Erde bedeckt werden, da Basilikum nur im Licht keimt. Es gedeiht an sonnigen, windgeschützten Plätzen, auch im Garten, auf lockerer, gut gedüngter und immer feuchter Erde. Die Pflanze verträgt keinen Frost, deshalb ab März in der Wohnung keimen lassen und erst im April/Mai nach draußen stellen.

Sobald die Pflanze etwas kräftiger ist, können einzelne Blätter nach Bedarf von unten abgezupft werden. Nur wenn die Pflanze zu hoch wird, auch die oberen Blätter ernten. Die Würzkraft ist kurz vor der Blüte am größten.

In der Küche ist Basilikum so vielfältig wie wenig andere Kräuter. Es verfeinert fast alle Gemüse, bei Tomaten ist es fast unerläßlich. Es schmeckt mit Lamm, Rind und Schwein, mit gedünstetem oder gekochtem Fisch, in Gemüsesuppen, Salaten, Kräuterbutter, Saucen (Pesto), paßt zu Kartoffelgerichten und Eintöpfen, eignet sich für Aromaessig etc. Für alle Gerichte sollte man möglichst frisches – oder tiefgefrorenes – Basilikum verwenden, da es beim Trocknen Aroma verliert.

Beifuß
Gänsekraut, Jungfernkraut
Artemisia vulgaris

Die Germanen und auch die Kelten sahen im Beifuß die »Mutter aller Kräuter«. Sie schützten sich damit in der Mittsommernacht vor Hexen und Dämonen. Lange Zeit war er für viele nur Unkraut, da die Pflanze an fast jeder Ecke, sogar auf Müllhalden zu finden ist.

Beifuß wird bis zu 2 m hoch, mit weit ausgebreiteten Zweigen von bis zu 1 m Länge. Die Blätter sind ungleich gezahnt, dunkelgrün auf der Oberseite, weiß-filzig auf der Unterseite, die Stengel sind rötlich angelaufen. An den Stielenden bilden sich ährenförmig kleine röhrenartige gelbe Blüten (Juli/August).

Die Aussaat erfolgt im März/April. Beifuß ist sehr anspruchslos und wächst auf jedem Boden an nicht zu warmen Stellen. Die Pflanze sollte regelmäßig gegossen und kann bei übermäßigem Wuchern im Frühjahr beschnitten werden. Verwendung finden die Blütenknospen, die man bis August erntet und leicht trocknen kann. Später wird Beifuß bitter.

Beifuß hat eine neutralisierende Wirkung bei fetten Speisen wie Gänse- oder Entenbraten, Lamm, Schwein und Aal. Auch dem selbstgemachten Schmalz gibt Beifuß ein mildherbes Aroma.

Bohnenkraut
Pfefferkraut, Wurstkraut, Bergminze, Fleischkraut
Satureia hortensis (Gartenbohnenkraut)
Satureia montana (Bergbohnenkraut)

Das buschige einjährige Kraut wird etwa 30 cm groß und hat dunkle, biegsame, spitze Blätter. Ab Juli blüht es mit weiß-violetten Lippenblüten.

Samen oder Jungpflanzen sind im Handel erhältlich. Bohnenkraut benötigt lockere Erde, einen sonnigen Standort und nicht zuviel Wasser. Die Samen des Bohnenkrauts sind Lichtkeimer, werden also mit nur wenig Erde überdeckt und bis zum Keimen feucht gehalten. Nach etwa vier Wochen müssen die Keimlinge umgepflanzt werden, zwischen jedem dann etwa 12 cm Platz lassen.

Blüten des Bohnenkrauts werden vor allem in der Heilkunde (als Tee) verwendet, in der Küche sind die Blätter gefragt. Am feinsten und würzigsten ist das Kraut vor der Blüte im Juni/Juli. Es ist zum Trocknen gut geeignet.

Bezüglich der Verwendung in der Küche läßt sein Name fälschlicherweise die Vermutung aufkommen, es sei nur im Zusammenhang mit Bohnen zu genießen. Die weiteren Namen für das Bohnenkraut verraten mehr: Es paßt nicht nur in jede selbstgemachte Wurst, sondern auch in dicke Suppen und Eintöpfe. Jede Gemüserohkost, z. B. Zucchini, Blumenkohl, Sauerkraut oder Salate, und Kräutersaucen gewinnen mit Bohnenkraut. Es hat einen etwas derben Geschmack, sollte deshalb sparsam verwendet werden. Mit Oregano und Majoran steht es geschmacklich auf Kriegsfuß.

Borretsch
Gurkenkraut
Borago officinalis

Schon im 17. Jahrhundert war man der Meinung, daß die blauen Blüten »Herz und Hirn stärken und melancholischen Menschen Freude und leichten Sinn« bringen.

»Boro« – rauhhaarig, borstig – sind die ovalen Blätter des Borretsch, die hohlen, ebenfalls haarigen Stengel enden in himmelblauen Blütensternen, dic von Mai bis Juli blühen. Die mehrjährige Pflanze wird bis zu 70 cm hoch.

Ab März wird Borretsch ausgesät. Die Samen gut mit Erde bedecken (Dunkelkeimer) und sehr feucht halten. Keimlinge im Abstand von 20 cm auseinander pflanzen. Am besten jeden Monat (bis Juli) einmal aussäen, so hat man bis in den Herbst hinein immer die frischen, jungen Blätter zur Hand. Borretsch ist wie geschaffen für die Kultivierung auf einer sonnigen Fensterbank und übertrifft auch im Aussehen viele Zierpflanzen.

Das Kraut schmeckt leicht nach Gurken (Gurkenkraut). Aber nicht nur Gurkensalat, auch Tomaten, leicht gesalzen, mit etwas Olivenöl angerichtet, gewinnen mit frischen, erst in letzter Minute feingeschnittenen Blättern. Für Kräutersaucen, -butter, -quark, ebenso zu gekochtem Fisch und im Kartoffelsalat kann Borretsch nur empfohlen werden. Borretsch verliert jedoch durch Trocknen sehr an Aroma, also nach Möglichkeit immer nur frische – oder gefrorene – Blätter nehmen.

Die gerade aufgegangenen Blüten können bei nicht zu hohen Temperaturen schnell getrocknet werden und bilden eine hübsche Dekoration als Streuwürze über Salat oder für Duftbouquets.

Dill
Gurkenkräutel, Dillfenchel
Anethum graveolens

Dill hat vor allem in der skandinavischen Küche seinen festen Platz; dort werden die vielen Seefische auf einem dichten Dillteppich serviert. Im Orient hat Dill als Heilpflanze eine große Rolle gespielt, auch die alten Ägypter und Griechen kannten die gesundheitlichen Wirkungen des Krautes.

Dill ist einjährig, wird aber bis zu 1,20 m hoch. Die Blätter sind in feine Streifen geteilt, ähnlich denen des Fenchel. Dill blüht von Juli bis September, die ovalen Samen sind gerippt und bleiben mehrere Jahre keimfähig.

Dill bevorzugt einen warmen Standort und nicht zu feuchte Erde (regelmäßig wenig gießen), gedeiht auch auf der Fensterbank. Am besten sät man ihn in den Monaten März, Mai und August, damit immer frisches Kraut zur Hand ist. Dillblätter verlieren beim Trocknen an Aroma und Farbe, sind aber ideal zum Einfrieren.

Die Pflanze blüht jeweils drei bis vier Monate nach Aussaat. Ab Juli/August werden die Dolden abgeschnitten und an der Luft getrocknet, die Samen lösen sich dann durch Abklopfen von selbst

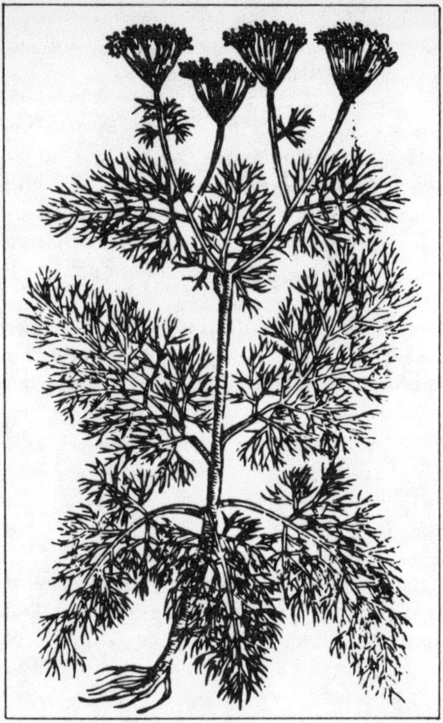

(trocken und dunkel aufbewahren). Dillsamen können ebenfalls zum Würzen verwendet werden.

Dill regt den Appetit an, fördert die Verdauung von schweren Gerichten und hilft bei Schlafstörungen. Das frische Kraut enthält mehr Vitamin C als Petersilie. Es würzt helle Saucen für Fisch, Krabben, Aal und Krebse, schmeckt in Salatsaucen, Schmorgerichten, mit eingelegten Gurken oder als Dillessig.

Estragon
Drachenkraut, Dragon, Dragonbeifuß, Schlangenkraut
Artemisia dracunculus

Estragon wurde erst während der Kreuzzüge im Mittelalter bekannt. Damals halfen einige Blätter in der Hosentasche angeblich gegen Drachen und Schlangen.

Je nach Art wird Estragon 50 bis 120 cm hoch. Der hochwachsende russische Estragon, anspruchslos und widerstandsfähig, ist weniger aromatisch; deutscher oder französischer Estragon ist empfindlicher, aber auch geschmackvoller. Das Kraut hat schmale, lanzettenförmige Blätter, das russische blüht mit unscheinbaren gelblichen Blütenrispen.

Der mehrjährige Estragon wächst in gut gedüngter, feuchter, lokkerer Erde an einem sonnigen, windgeschützten Standort. Jungpflanzen sind im Fachgeschäft zu erhalten. Vermehrt wird Estragon durch Teilung älterer Pflanzen oder durch Stecklinge, ein gut entwickelter Zweig kann innerhalb eines Jahres ein ansehnlicher Busch werden. Je nach Bedarf erntet man die einzelnen Blättchen, bei größeren Pflanzen von oben, damit mehr Zweige sprießen. Ein bis zwei Pflanzen reichen für einen vierköpfigen Haushalt.

Estragon sollte als Edelgewürz betrachtet werden, also möglichst »solo« oder mit weniger intensiven Gewürzen verwendet werden. Das Kraut paßt zu Spargel und Artischocken, zu pochiertem Fisch, Lamm- und Kalbsbraten; auch Ragout, Bohnengerichte, Eierspeisen und Salate gewinnen mit vorsichtig dosiertem Estragon. Das frische, feingehackte Gewürz sollte bei warmen Gerichten zur Hälfte mitgekocht werden, den Rest kurz vor dem Servieren dazugeben. Estragon gewinnt durch Trocknen an Duft und Aroma, zum Einfrieren ist er ebenfalls geeignet.

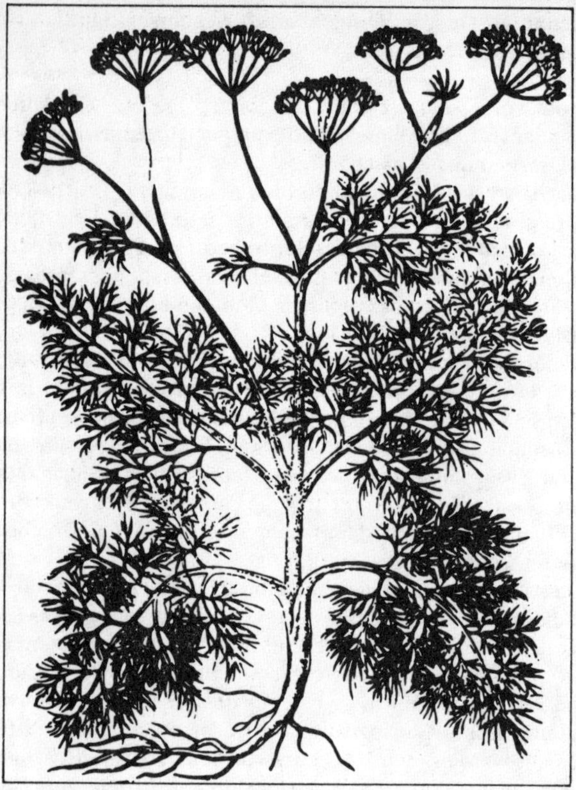

Fenchel
Brotsamen
Foeniculum vulgare

Fenchel ist eines der ältesten Gewürze, die wir kennen. Lonicerus schrieb: »Er macht heiter und klare Augen.« Schon die alten Ägypter wußten dies, was man Darstellungen in ihren Gräbern entnehmen konnte, und schon sie verwendeten Fenchel nicht nur als Heilmittel. Fenchel ist im Mittelmeerraum heimisch. Dort wächst er wild, und nicht nur die Samen sind als Gewürz geschätzt, auch die Blattstrünke galten schon immer als vorzügliches Gemüse.

Fenchel wird bis zu 2 m hoch. Die Stengel sind bläulich-grün und glatt, sie enden in großen Dolden mit kleinen gelben Blüten; die Blätter bestehen aus langen fadenförmigen Streifen. Die zweisamigen Spaltfrüchte, ca. 4 mm lang und 2,5 mm dick, sind gelbgrün bis braun.

Fenchel wird aus Samen oder Pflänzlingen gezogen. Die Pflanzen benötigen kalkhaltigen, feuchten Boden. Im Garten sollte Fenchel jedes Jahr an eine andere Stelle gepflanzt werden. Die Aussaat erfolgt im April, die Keimlinge sollten ca. 30 cm auseinander gepflanzt werden. Fenchel blüht im Juni/Juli; die Samen sind im August/September reif. Dann werden die Dolden abgeschnitten und getrocknet. Zur Überwinterung wird Fenchel auf 5 cm heruntergeschnitten und mit Stroh gegen Frost geschützt, er treibt im Frühling neu aus. Alle drei bis fünf Jahre sollte man jedoch neue Pflanzen züchten. Wer die Wurzeln verwenden möchte, sollte sie schon nach einem Jahr sammeln, zerschneiden und der Länge nach spalten, damit sie besser trocknen.

Fenchel wirkt als Tee gegen Husten und ist nicht nur für Babys beruhigend; er ist blähungshemmend, entwässernd und verdauungsfördernd. Brot und Gebäck erhalten durch die Fenchelsamen einen besonderen Geschmack, und das frische – oder gefrorene – Grün paßt zu allen Fischgerichten, nicht nur zu Hummer, Karpfen und Krebsen. Kraut und Samen verfeinern Saucen, und die Strünke, in feine Streifen geschnitten, schmecken vorzüglich im gemischten Salat.

Kamille

Gemeine Kamille, Deutsche Kamille, Wilde Kamille
Matricaria chamomilla

Kamille ist eine einjährige, bis zu 50 cm hohe Pflanze mit glatten, sehr verzweigten Stengeln. Die Blütenköpfe haben etwa 2 cm

Durchmesser, weiße Blätter und einen gelben, halbkugeligen Blütenboden. Blütezeit ist von Juni bis September.

Im April wird Kamille in lockerer Erde an einem hellen Ort ausgesät. Kamille ist relativ anspruchslos, kann im Frühsommer auch durch Teilung vermehrt werden.

Die Blütenköpfe werden während der Blütezeit nach und nach abgepflückt und in dünnen Lagen bzw. nebeneinander getrocknet, sie werden sonst schwarz und verlieren an Wirkstoffen.

In der Küche findet die Kamille keine Verwendung. Kamillentee hilft bei Magenschmerzen, Erkältungen, Nieren- und Blasenleiden, Unterleibsschmerzen, Regulierung der Menstruation. Selbst bei Ohren-, Zahn- und Augenschmerzen hilft Kamille (in kleine Leinenbeutel eingenäht und erwärmt). Blonde Haare werden mit Kamillespülungen aufgefrischt, braune Haare werden dadurch heller.

Kerbel
Körbelkraut
Anthricus cerefolium

Kerbel ist einjährig, wird ca. 50 cm groß; die petersilienähnlichen, hellgrünen Blätter sind zweimal geteilt, je nach Art glatt oder kraus, an der Unterseite behaart. Kerbel blüht im Juni weißgrau in unscheinbaren Dolden.

Kerbel wird im März in lockere Erde im Halbschatten gesät und bis zum Keimen sehr feucht gehalten. Sobald die Pflanze ca. 10 cm hoch ist, kann mit der Ernte der einzelnen Blätter angefangen werden, dann ist Kerbel auch am aromatischsten. Sollten Sie also diese frischen, jungen Blätter bevorzugen und Platz genug haben, säen Sie Kerbel alle drei Wochen aus, denn er verträgt weder das Trocknen noch das Einfrieren besonders gut.

In der Küche verwendet man Kerbel zu Kartoffel- oder Tomatensuppen (anstelle von Petersilie), zu Grillfischen (mit Petersilie), zu frischen Salaten, in Eierspeisen, Möhrengemüse und Spinat; außerdem in Kerbelsuppe oder Kerbelsauce (zu Fisch). Kerbel darf nicht mitgekocht werden, dann verliert er nicht nur an Geschmack, sondern auch seinen frischen, zarten Duft.

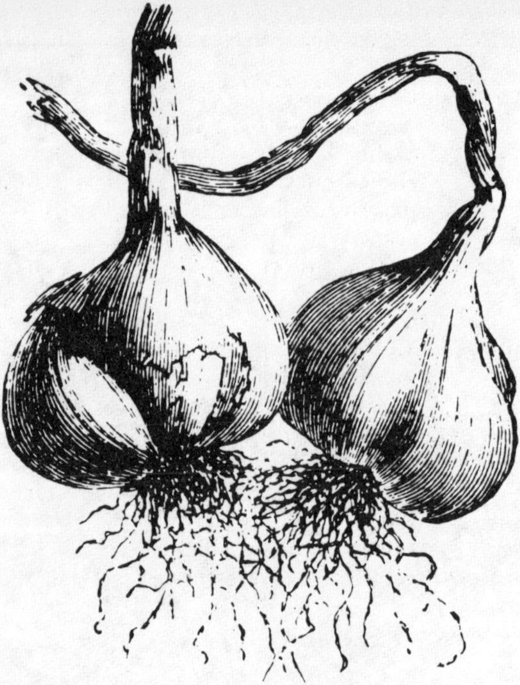

Knoblauch
Gemeiner Knoblauch, Kultivierter Knoblauch
Allium sativum

Knoblauch kennt man nachweislich schon seit mehr als 5000 Jahren; »König aller Gewürze« nannte Pythagoras ihn. Im Mittelalter glaubte man, er heile neben Knochenbrüchen auch Gelbsucht und alle Arten von Frauenleiden. Knoblauch war das Symbol der ewigen Jugend und der Fruchtbarkeit. Und an den Schutz gegen Vampire glauben angeblich heute noch viele Menschen.

Knoblauch wird ca. 60 cm hoch, hat lange, parallelnervige, herabhängende Blätter, blüht im zweiten Jahr in runden, roten Scheindolden, in der sich Brutzwiebeln bilden. Die Knolle besteht aus bis zu fünfzehn Zehen, die von einer weißen bis violetten Haut umgeben sind.

Im März/April die Knoblauchzehen mit der Spitze nach unten im Abstand von ca. 10 cm etwa 4 cm tief in die Erde stecken. Knoblauch verträgt keine große Feuchtigkeit, also von Anfang an nur sehr vorsichtig gießen. Daß die Knollen reif sind, erkennt man an den welken Blättern, ca. Juli/August. Dann werden die Knollen aufgehängt und langsam getrocknet.

Gegen den berühmt-berüchtigten »Duft«, der hauptsächlich durch die Haut ausgeschieden wird, gibt es folgende Hausmittel: ein Glas Milch, frische Petersilie und Honig, man sagt außerdem, daß einige Gläser Rotwein helfen.

Knoblauch schmeckt, wenn man ihn mag, in fast allen Gerichten. Wer nur einen Hauch Knoblauch, z. B. im Salat, möchte, reibt die Schüssel einfach mit einer aufgeschnittenen Zehe aus. Knoblauch sollte ansonsten nicht gehackt oder geschnitten werden, er wird mit dem Messerrücken zerrieben (etwas Salz hilft) oder durch die Knoblauchpresse gedrückt. Knoblauch kann mitgekocht werden, er verträgt jedoch kein heißes Fett oder Öl, beim Dünsten oder Anbraten von Zwiebeln oder Fleisch die Zehen immer erst zum Schluß zufügen.

Koriander
Stinkdill, Wanzendill
Coriandrum sativum

Eine Bemerkung im Alten Testament, im Buch Exodus, beweist, daß Koriander schon vor Christi Geburt sehr bekannt war: »Es war weiß wie Koriandersamen . . .« In altägyptischen Königsgräbern wurde Koriandersamen gefunden, und im Mittelalter sprach man von »Apothekers Himmelsbrot«.

Koriander ist eine einjährige Pflanze, die bis zu 60 cm hoch wird. Der längsgerillte Stengel verzweigt sich nach oben hin, die Blätter sind unten ungeteilt und fächerförmig, nach oben hin werden sie zweifach fiederschnittig. Die blaßrosafarbenen Blüten bilden unregelmäßige Dolden, die Früchte, 3 bis 5 mm Durchmesser, sind graugelb bis hellbraun.

Koriander im März oder im August an einen sonnigen Ort in gut gedüngte feuchte Erde säen, die Keimlinge ca. 10 cm auseinander pflanzen. Die im März gesäten Pflanzen reifen ab August. Die Fruchtdolden werden abgeschnitten, bevor sie vollreif sind, dann zum Nachreifen und Trocknen auf ein Tuch in die Sonne legen. Die im August gesäten Pflanzen reifen etwas schneller und werden kräftiger. Die gut getrockneten und trocken gelagerten Früchte bleiben sechs bis acht Jahre keimfähig.

Koriander wird heute hauptsächlich in der Likörherstellung verwendet (er ist verwandt mit Anis und Fenchel). Er schmeckt auch in Roten Rüben, in selbstgebackenem Brot, in Wildgerichten. Er verfeinert z. B. Möhrengemüse, Birnen- und Apfelmus sowie Pflaumenkompott. Koriander gibt auch Huhn und Lamm, ebenso Hackfleisch und Fischgerichten mit Sauce einen besonderen würzigen Geschmack. In Wurst und Lebkuchen wird er seit langer Zeit schon verwendet. Mit Koriander sollte man auf jeden Fall sparsam umgehen, er wird entweder ganz mitgekocht oder im Mörser fein zerstoßen.

Kresse
Lepidium sativum

Kresse wird – wenn man sie läßt – bis zu 40 cm hoch, hat dünne, hohle Stengel und je nach Art glatte oder krause, unterschiedlich gefiederte Blätter.

Der Anbau der normalen Gartenkresse ist denkbar einfach. Die Samen werden auf feuchte Watte oder Erde ausgesät und an ein helles, sonniges Fenster gestellt. Wenn die Erde weiter feucht gehalten wird, kann nach neun bis zehn Tagen die Ernte beginnen. Das geht das ganze Jahr über.

Kresse ist besonders reich an Vitaminen und Mineralien, sollte aus diesem Grund nach Möglichkeit nicht erhitzt werden. Kresse nicht waschen, da sie auch dann an Aroma verliert. Das Kraut schmeckt in jeder Art Salat (gemischter, Spargel-, Tomaten- und

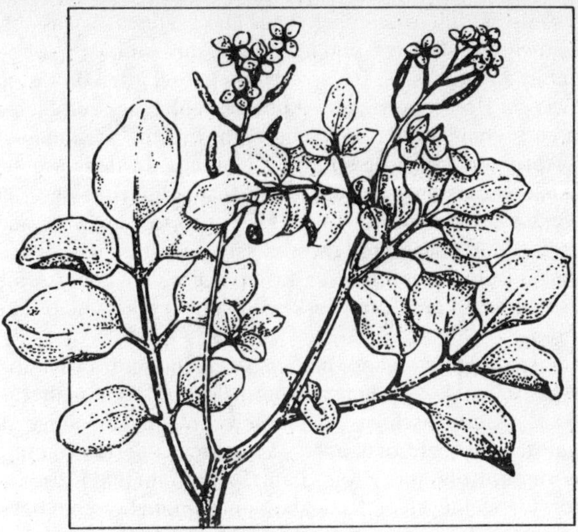

Eiersalat), zu Quark (mit Pellkartoffeln), in klaren Suppen und in Butter für Steaks und Fisch.

Kümmel
Wiesenkümmel, Kümmich
Carum carvi

Der Name kommt aus dem Hebräischen (»kammon« = würzen), und dieses Gewürz war jahrhundertelang neben Pfeffer und Salz eines der bekanntesten in Europas Küche. Auch in der Steinzeit kannten die Menschen schon den Kümmel, das haben Funde bewiesen. Ob man damals die gesundheitliche Wirkung schätzte oder den Kümmel nur als Schutz vor Hexen und Flöhen benutzte . . .?

Kümmel hat einen aufrechten, gerillten Stengel, der sich erst weiter oben verzweigt. Die Blätter sind, ähnlich denen der Möhre, gefiedert. Die weit auseinanderstehenden Dolden blühen weiß, die Blütenstengel sind unterschiedlich lang. Die braunen, leicht abgebogenen Früchte sind 4 bis 6 mm lang und 2 mm breit.

Kümmel ist anspruchslos. Er bevorzugt Halbschatten und ist mit mittelschwerem Boden zufrieden. Außerdem übersteht er auch einen nicht zu rauhen Winter ungeschützt im Freien. Kümmel wird zwischen April und Juni ausgesät, die Keimlinge werden auseinander gepflanzt. Im ersten Jahr entwickeln sich lediglich einige Blätter, im zweiten Jahr der hohe Stengel (bis zu 1 m) mit den Blütendolden. Diese werden abgeschnitten, wenn die Früchte fast reif sind. Die Dolden einzeln in der Sonne auslegen, nachreifen und trocknen lassen. Die Kümmelkerne dann ausklopfen und dunkel und trocken aufbewahren.

Kümmel ist appetitanregend, blähungstreibend und verdauungsfördernd. Er findet Verwendung in Kümmelsuppe, Kümmelbraten, Kümmelkäse, Kümmelschnaps, Kümmelbrot, um nur einige der ganz bekannten Gerichte zu nennen – aber auch Gulasch, Hammel, Schweinebraten, Kohl- und Krautsalate, Sauerkraut und Kartoffeln freuen sich über eine kleine Beigabe von Kümmel. Nebenbei ist Kümmel ein altes Hausmittel gegen den Alkoholkater.

Lavendel
Echter Lavendel, Gemeiner Lavendel, Spiklavendel, Ästerlavendel
Lavandula officinalis

Der Halbstrauch wird bis zu 50 cm hoch. Die einzelnen Zweige haben am unteren Teil schmale, filzige, graugrüne Blätter, die sich an der Seite ein wenig einrollen; die Innenseite der Blätter ist flaumigweiß. Jeder Zweig trägt eine etwa 10 bis 20 cm lange Blütenähre aus blauvioletten Lippenblüten. Blütezeit ist von Juli bis September.

Lavendel braucht durchlässigen, kalkhaltigen Boden, der relativ trocken gehalten wird, und einen Platz an der Sonne. Lavendel ist als Samen oder Jungpflanze im Handel erhältlich. Ausgesät wird im März, zum Keimen benötigt die Pflanze etwa drei Wochen. Diese Keime und auch die Jungpflanzen sind sehr frostempfindlich, am besten also nicht vor Mitte April nach draußen stellen oder pflanzen. In den nächsten Jahren muß Lavendel nur in kalten Gegenden

oder bei sehr strengen Wintern etwas gegen Frost geschützt werden. Durch Teilung oder durch Ableger kann Lavendel ohne Mühe vermehrt werden.

In der Küche werden lediglich die jungen Blätter verwendet, die bis Ende August gesammelt werden können. Blätter zum Trocknen erntet man am besten kurz vor der Blüte, zu der Zeit ist der Gehalt an ätherischen Ölen am größten. Erst ab dem zweiten Jahr werden die Blüten gesammelt. Die Ähren werden abgeschnitten, wenn sie in voller Blüte stehen, dann zusammengebunden und mit dem Kopf nach unten aufgehängt getrocknet.

Lavendelblütentee hilft bei Keuchhusten und Asthma, regelt die Funktion der Galle und wirkt krampflösend sowie entwässernd. Äußerlich angewandt, wirkt Lavendel wundheilend. Der Geschmack der Lavendelblätter ist dem des Rosmarin sehr ähnlich. Er wird aus diesem Grund oft anstelle dieses Krautes verwendet, z. B. in Hammelgerichten. Sparsam verwendet, verfeinert Lavendel Fischsuppen und -saucen, in Kräuterbutter schmeckt er auch zu Fleisch. Salat erhält mit etwas Lavendel einen intensiveren Geschmack, fürs Auge verzieren Sie ihn vielleicht mit einigen Blüten. Lavendel sollte, wie Rosmarin, mitgekocht werden, da er erst dann sein ganzes Aroma entfaltet.

Liebstöckel
Badekraut, Maggikraut
Levisticum officinale

Im Mittelalter sagten die Medizinmänner, Liebstöckel fördere die Liebeslust. Die Heimat des Liebstöckel ist der Mittelmeerraum, hauptsächlich Italien. Von dort kam er zuerst in die Klostergärten des nördlichen Europa, fand jedoch schnell eine größer werdende Beliebtheit, und es dauerte nicht lange, bis er seinen Ruf als Suppenkraut hatte.

Die mehrjährige Pflanze wird bis zu 2 m hoch. Die Staude besteht aus dicken, hohlen Stengeln mit dunkelgrünen, glänzenden, an der Spitze dreigeteilten Blättern. Die Dolden haben acht bis fünfzehn Strahlen mit blaßgelben Blüten. Die fingerdicken Wurzeln werden ca. 30 cm lang, die bräunlichen Früchte sind oval.

Liebstöckel ist sehr robust. Er liebt Halbschatten und wächst auch auf kargem Boden. Samen sind im Handel erhältlich – Vorsicht jedoch, sie sind nicht lange keimfähig. Es ist auf jeden Fall besser, eine kleine Staude zu kaufen, die später durch Teilung vermehrt wird. Liebstöckel blüht im Juli und August. Ab Mai können nach Bedarf einzelne Blätter geerntet werden. Auch bei diesem Kraut ist der Geschmack kurz vor der Blüte am intensivsten. Dann also für den Wintervorrat sorgen. Einzelne Blätter einfrieren oder kleine Sträuße zusammenbinden und im Schatten trocknen. Die trockenen Blätter erst kurz vor Gebrauch zerreiben. Wer Früchte haben möchte, schneidet die noch nicht ganz reifen Dolden ab, läßt sie einzeln in der Sonne nachreifen und trocknen. Wurzeln werden erst im Herbst des zweiten Jahres gesammelt, in dünne Scheiben geschnitten und im Schatten getrocknet.

Liebstöckel ist appetitanregend, entwässernd, verdauungsfördernd und blähungstreibend.

Das Gewürz paßt zu kräftigen Gemüseeintöpfen und Suppen, zu Pasteten, zu Schweinebraten, einige frische Blätter schmecken auch in grünem Salat. Sparsam und mit anderen Gewürzen wie Majoran, Sellerieblättern, Zwiebeln oder Knoblauch schmeckt Liebstöckel in Quarkgerichten, in Käsegerichten, in Kräutersaucen, zu Hackfleisch oder zu Kohlrabi, Blumenkohl und Zucchini.

Lorbeer
Laurus nobilis

Die Nymphe Daphne, die sich vom Gott Apoll zu sehr bedrängt fühlte, rief Zeus, damit er ihr helfe, ihre Unschuld zu verteidigen. Zeus rettete sie, indem er sie in einen Lorbeerbaum verwandelte.

Lorbeer wächst im Mittelmeerraum als Baum bis zu 16 m hoch. In unseren Breiten findet er sich als Zierbäumchen oder als immergrüner Strauch. Die lederartig glänzenden Blätter sind dunkelgrün. Die dunkelgrün bis schwarzen Lorbeerfrüchte sehen Oliven sehr ähnlich.

Die Anzucht eines Lorbeerbaumes oder -strauches sollte man Berufsgärtnern überlassen, sie dauert sehr lange, und selten hat der Hobbygärtner Erfolg damit. Kleine Bäumchen oder Sträucher sind im Handel erhältlich. Lorbeer braucht sandige Erde, die nicht zu feucht gehalten wird, und viel Sonne. Die Pflanze ist nicht winterfest, Lorbeer verträgt keine Temperaturen unter 5 bis 8 Grad Celsius.

Lorbeerblätter können das ganze Jahr über je nach Bedarf geerntet werden.

Lorbeer ist magenfreundlich und appetitanregend. Er schmeckt vor allem in kräftigen Gerichten wie Schmorbraten (Sauerbraten, Hammelschmorbraten, Wild), Rotkohl, Rote Bete oder auch in Fischmarinaden und Heringstöpfen sowie in Pasteten. Lorbeer gibt sein Aroma nur sehr langsam ab, muß also so lange wie möglich mit den Gerichten kochen bzw. in Saucen und Marinaden ziehen. Erst kurz vor dem Servieren wird das Lorbeerblatt entfernt.

Majoran
Wurstkraut, Blutwürze
Origanum majorana

Amarakos, Sohn des Priesterkönigs von Zypern, ließ eines Tages eine Schale mit Salbölen füllen, die er für den Tempeldienst der Aphrodite hergestellt hatte. Er starb auf der Stelle, und Aphrodite verwandelte ihren Verehrer in ein Kraut, das genauso duften sollte

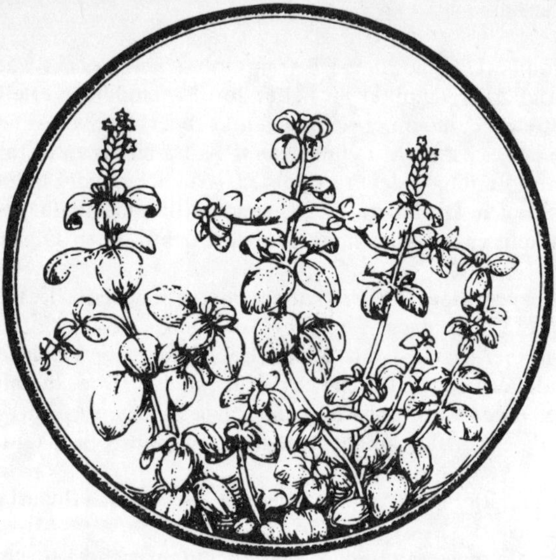

wie die Öle, die Amarakos für sie gemacht hatte – sie verwandelte ihn in Majoran. Aus diesem Grund glaubten Griechen und Römer, daß Majoran ihre Potenz steigere. Im Mittelalter verwendete man das Kraut als Allheilmittel – gegen Kopfschmerzen, Epilepsie, Stiche von Skorpionen, Frauenleiden und Verdauungsstörungen.

Der zweijährige, nur in sehr warmen Gegenden mehrjährige Majoran wächst buschartig bis zu 50 cm hoch. Die verästelten Zweige tragen viele gegenständige, weißlich-grüne Blätter; an den Zweigspitzen bilden sich unscheinbare Ähren aus weiß- bis rosafarbenen Lippenblüten.

Majoran verträgt Kälte nicht gut und verlangt einen sonnigen Standort. Ab März kann Majoran in sandigem, humusreichem Boden im Frühbeet ausgesät werden. Wer auf der Fensterbank keinen Platz hat, sollte bis Mai warten. Majoran ist Lichtkeimer. Die Samen werden also nur mit einer dünnen Schicht Erde bedeckt und feucht gehalten. Unproblematisch ist die Aufzucht von Jungpflanzen, die es im Fachhandel gibt.

Zum Trocknen die Stengel vor der Blüte auf 5 cm zurückschneiden. Einzelne abgezupfte Blätter und kleine Zweige in Alufolie verpacken und einfrieren, damit Sie auch im Winter frisches Kraut haben.

Verwendet werden Blätter und die feinen, jungen Stiele. Majoran erst im letzten Drittel der Garzeit zugeben, da die ätherischen Öle bei zu langem Kochen verlorengehen. Majoran schmeckt in allen deftigen Gerichten wie Eintöpfen mit Hülsenfrüchten, zu Schinken- und Fleischgerichten, zu Hammel, in Leberpasteten und -wurst, mit (Brat-)Kartoffeln und in Geflügelfüllungen.

Minze
Pfefferminze
Mentha piperita

Minze war in der Antike bekannt als Totenpflanze. Über ihre heilende Kraft sagte der Römer Plinius, daß sie auch die Milz heile, wenn man neun Tage lang jeden Tag Minze aus dem Garten esse, ohne sie zu pflücken. Heute verwenden nicht nur die Engländer, die die Minze schon früh für die Küche entdeckten, das Kraut. In Marokko, in der Türkei und im ganzen südosteuropäischen Raum wird viel mit Minze gewürzt.

Minze wächst heute im ganzen europäischen Raum. Die buschige Pflanze mit den lanzettförmigen, hellgrünen Blättern wird bis zu 1 m hoch. Zur Blüte kommt sie bei uns selten.

Minze verträgt nur wenig Sonne und braucht eine feuchte, fruchtbare Erde. Die Pflanze wuchert und kann schnell ganze Gartenecken bedecken. Minze vermehrt sich nur durch Teilung, deshalb gibt es nur Jungpflanzen zu kaufen, keine Saat. Die Ernte erfolgt im Mai/Juni, wenn die Stiele 30 bis 40 cm hoch sind, und dann am besten am späten Vormittag. Die Stiele gebündelt möglichst im Dunkeln schnell trocknen und auch dunkel aufbewahren, nur dann hält sich das Aroma bis zu sechs Monaten.

Pfefferminztee fördert die Verdauungs- und Gallenfunktion. Das

darin enthaltene Menthol wirkt bakterientötend und beruhigend, es fördert die Schweißbildung.

Minze schmeckt besonders zu Lamm und Wild mit der englischen Minzsauce, würzt Tomaten, Karotten und fast alle orientalischen Gerichte. Sie wird in Obst- und Sommersalaten verwendet, und ein Stielchen Minze in einem kalten Drink schmeckt nicht nur gut, sondern sieht auch sehr appetitlich aus. Es lohnt sich, einige Stengel einzufrieren, da frische Minze im Handel kaum zu haben ist.

Oregano
Origano, Dost, wilder Majoran
Origanum vulgare

Oregano wächst überall in warmen, trockenen Gebieten, an geschützten Wegrändern und Hecken wild. Angefangen mit der Verwendung von Oregano in der Küche haben vermutlich die Italiener. Doch auch bei uns ist der »Dost« schon seit dem Mittelalter bekannt. Oregano wird 30 bis 70 cm hoch, hat verzweigte, rötlich behaarte Stengel mit gegenständigen, ovalen Blättern. Oregano blüht von Juli bis September mit roten oder weißen Blütenrispen.

Oregano wird im Frühling (März) im Frühbeet oder im Blumentopf auf der Fensterbank ausgesät oder durch Teilung älterer Pflanzen vermehrt. Die Erde sollte ständig feucht, aber nicht naß sein. Ab Mai kann Oregano nach draußen an einen sonnigen Platz.

Oregano selbst zu trocknen lohnt sich kaum, da das im Handel erhältliche getrocknete Gewürzkraut meist besser ist als das selbstgetrocknete. Frische Blätter und Stengel kann man einfrieren.

Oregano wirkt appetitanregend und hilft bei Verdauungsstörungen, bei Bronchitis und äußerlich zur Desinfizierung von Hautentzündungen und als Wundheilmittel.

Mit Oregano werden gewürzt: Pizza, Tomatengerichte, mediterrane Gemüse (Auberginen, Zucchini), Schmorfleisch, Kartoffelsuppe und natürlich das Chili con carne. Oregano nie zusammen mit Majoran verwenden.

Petersilie
Peterlein, Peterling, Suppenwurzel
Petroselium arispum

Petersilie zählt wohl zu den bekanntesten Küchenkräutern. Sie gehört zur Familie der Doldenblütler und hat eine möhrenähnliche Wurzel. Im ersten Jahr bildet sie eine bis zu 20 cm hohe Rosette, im zweiten Jahr wächst dann ein etwa 90 cm langer kantiger Stengel mit Dolden aus kleinen rötlichen oder gelblichen Blüten. Es gibt glatt- und krausblättrige Petersilie. Selbst anbauen sollte man vor

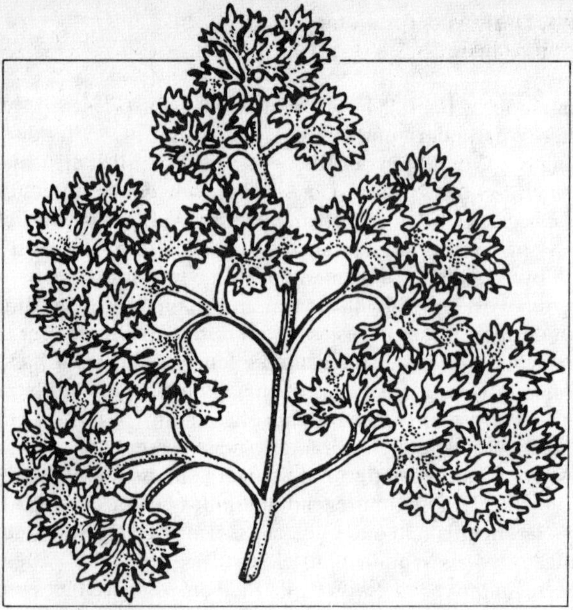

allem die glattblättrige, sie ist intensiver im Geschmack, aromatischer, dabei doch milder.

Petersilie ist sehr anspruchslos. Sie bevorzugt Halbschatten und tiefgründigen, feuchten Boden, aber auch im Blumentopf oder Balkonkasten gedeiht Petersilie ohne Probleme. Im Frühjahr wird ausgesät, ein leichter Frost schadet der Petersilie nicht. Die Samen haben eine lange Keimzeit von vier bis sechs Wochen, die kleinen Pflanzen entwickeln sich nur langsam, also erst ernten, wenn sie kräftiger sind, und dann auch nur die äußeren Blätter, damit das »Herz« heil bleibt. Dann aber hat man bis zum späten Herbst seinen eigenen kleinen Vorrat.

Beim Trocknen verliert Petersilie ihr Aroma, Einfrieren ist einfacher und besser.

Petersilie wirkt appetitanregend, entwässernd und regulierend auf die Menstruation.

Verwendet werden Blätter und Wurzeln. Die Blätter haben eine so vielfältige Anwendung, daß man sie als Universalgewürz bezeichnen kann – in jeder Art Gemüse, zu Kartoffeln (Petersilienwurzel mitkochen), mit Fisch, Fleisch usw. usw. Aus den Wurzeln kann man Gemüse zubereiten, evtl. ergänzt durch Karotten. Sie gehören außerdem zum Suppengrün und müssen mitgekocht werden. Auch in Beizen, z. B. für Wildbraten, sollte die Petersilienwurzel nicht fehlen.

Portulak
Burzelkraut
Portulaca sativa

Portulak gehört zu den Gewürzpflanzen, die schon den Pharaonen bekannt waren. Damals war sie jedoch mehr Heilkraut gegen alle möglichen Leiden, u. a. auch gegen das »Leiden der Unkeuschheit«!

Die Pflanze wird etwa 30 cm hoch und hat ovale, sehr fleischige Blätter. Sie blüht von Juni bis September mit weißen, orangefarbenen oder gelben Blütensternen. Portulak sieht so gut aus, daß man ihn heute hauptsächlich als Zierpflanze in Vorgärten findet.

Portulak ist eine einjährige Pflanze; sie braucht viel Sonne und warmen, trockenen Boden, wächst auch in kleinen Blumentöpfen sehr gut. Ab Anfang Mai aussäen, nach drei bis vier Wochen die Keimlinge etwa 15 cm auseinander pflanzen. Schon nach etwa sechs Wochen können einzelne Blättchen geerntet werden. Portulak kann bis zum frühen Herbst geerntet werden, ältere Blätter schmecken jedoch leicht bitter, am würzigsten ist er, bevor sich die Blüten ausgebildet haben. Beim Trocknen und Einfrieren verliert Portulak sein Aroma, er sollte nur frisch verwendet werden.

Nicht nur die frischen Blätter schmecken gut zu Salaten, auch die Blütenköpfchen und -knospen sehen appetitlich aus und können mitgegessen werden. Portulak würzt Frühlingssuppen, Tomatengerichte sowie Kräuterquark und -saucen. Die Portulakblätter können auch als Gemüse in Butter gedünstet gereicht werden. Eingesalzene

Blütenknospen, mit etwas Essig übergossen, können anstelle von Kapern gereicht werden.

Rosmarin
Weihrauchkraut, Meertau, Kranzenkraut
Rosmarinus officinalis

Rosmarin kommt aus dem Mittelmeerraum und wächst dort wild an karstigen Steilhängen oder auf trockenen Kalkböden. Schon 1581 sagte Doktor Lonicerus von dem »Weihrauchkraut«, daß es eine wohltuende Wirkung aufs Gemüt hat. Außerdem sagte man ihm heilende Kraft gegen Pest, Fettsucht, Husten und auch gegen das Altern nach.

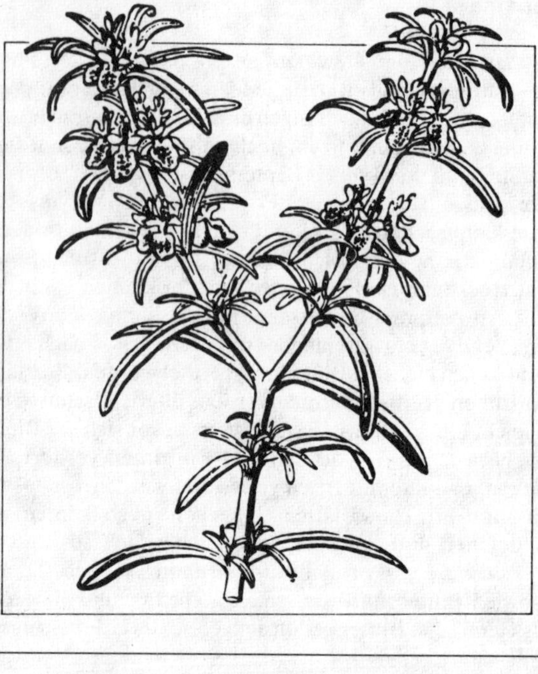

Rosmarin ist ein immergrüner holziger Halbstrauch. Er wird im Süden bis zu 1,80 m hoch, hat nadelförmige, nach innen aufgerollte Blätter, deren Unterseite blaßgrün bis weiß und flaumig ist, die Oberseite dunkelgrün. Rosmarin blüht je nach Klima und Boden das ganze Jahr, hier von März bis Mai oder von Juli bis August in blaßblau-lila Lippenblütenähren.

Rosmarin ist sehr frostempfindlich, aussäen lohnt sich kaum, die Samen keimen in unseren Breiten nur sehr schlecht und langsam. Eine kleine Pflanze reicht für den Normalhaushalt. Rosmarin braucht leichten, mit etwas Sand vermischten Boden, gedeiht auch in Kübeln oder Töpfen, die man im Winter in einen hellen, luftigen Raum stellen kann. Ab Spätsommer nur wenig gießen und nur noch wenige Zweige abschneiden.

Rosmarin läßt sich aus Ablegern ziehen, dazu steckt man im Sommer einen Zweig in eine Mischung aus Torf und Sand, die Erde muß feucht gehalten werden. In der Sonne wachsen schon nach kurzer Zeit Wurzeln. Geerntet werden die obersten Triebspitzen, also nur ganz junge Blättchen, und die am besten zur Zeit der Blüte. Dann ist auch die beste Zeit für die Vorratsanlegung: kleine Zweige oder Blätter trocknen und luftdicht dunkel aufbewahren. Getrockneter Rosmarin behält etwa ein Jahr sein Aroma.

Rosmarintee hilft gegen Asthma, Husten und Heiserkeit; Rosmarinbäder und -wein stärken den Blutdruck. Die ätherischen Öle wirken menstruationsanregend, entwässernd, regeln Nieren- sowie Gallenfunktion und die Lebertätigkeit.

Rosmarin schmeckt harzig, pikant, riecht ähnlich wie Weihrauch. Die Nadeln immer mitkochen und vor dem Servieren entfernen. Verwendet wird Rosmarin in Essig, in herzhaften Marinaden und bei allen Fleischsorten, besonders Lamm, Hammel oder Wild, in Koch- und Bratfisch, Beizen für Wildfleisch und Ragouts, in Muschelgerichten, Grillgerichten (ein Zweig im Feuer), Suppen, Eintöpfen, bei Tomaten und Oliven.

Safran
Suppengelb, gelbe Würze
Crocus sativus

Safran ist das teuerste Gewürz, das wir kennen, denn verwendet werden nur die Blütennarben der Pflanzen. Für 100 g Safran braucht man davon etwa acht- bis zehntausend Stück.

Vielleicht nannte man deshalb im Altertum Safran den König der Gewürze. Die Römer beschränkten sich nicht darauf, mit dem kostbaren Pulver aus gemahlenen Narben alle möglichen Speisen und Getränke leuchtend geld zu färben (arabisch: »safrain« = gelb), sie verwandten es auch in der Kosmetik, und ihre Ärzte heilten damit Nasenbluten sowie Husten und gaben es auch als wehenförderndes Mittel.

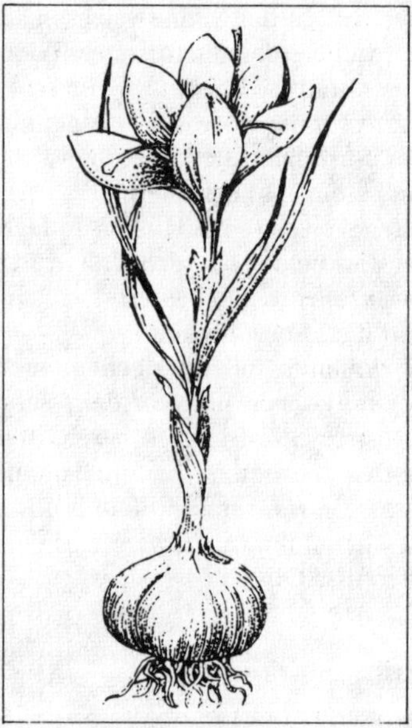

Die Safranpflanze ist eine Krokusverwandte und im Mittelmeerraum heimisch. Sie wird 10 bis 30 cm hoch und hat schmale, grasartige Blätter. Die Blüten sind hellviolett bis bläulichrot, haben weiße Staubgefäße und orangefarbene, etwa 1 cm lange trichterförmige Blütennarben. Safran blüht von August bis September.

Gewerbsmäßig wird Safran heute hauptsächlich in Spanien und in geringerem Umfang in Südfrankreich angebaut. Der eigene Anbau ist in sonniger Lage möglich und lohnt sich, da man für ein Gericht nur etwa drei Narben benötigt. Safran braucht sandigen Boden und darf nur wenig gegossen werden. Die Vermehrung erfolgt duch Zwiebeln, die in etwa 10 cm Abstand gesetzt werden. Eine große Pflanzschale ist ein hübscher Anblick. Man erntet die Narben im Herbst, bzw. sobald die Blüten voll erblüht sind. Die Narben nicht mahlen, sondern luftdicht verschlossen dunkel aufbewahren. Safran ist sehr lichtempfindlich, hält sich aber etwa ein Jahr. Guter Safran ist leuchtend orangerot. Auch beim Kauf lieber ganze Blütennarben nehmen. Es gibt seit jeher alle möglichen Methoden, mit denen man pulverisierten Safran streckt, denn Safran wird in der Küche hauptsächlich der Farbe wegen verwandt. Er schmeckt selbst nicht intensiv, aber doch typisch, und hat einen angenehm zarten Duft. Wenn man zuviel nimmt, wird Safran bitter.

Vorsicht, Safran färbt nicht nur die Speisen, sondern auch Finger, Holzlöffel und poröses Geschirr. Er ist sehr intensiv, wenig reicht. Pulver nur messerspitzenweise verwenden. Daß Safran Kuchen und Gebäck färbt und würzt, singen schon Kleinkinder, kaum daß sie in die Hände klatschen können. Unentbehrlich ist Safran in Bouillabaisse und anderen Fischsuppen. Reisgerichte und Geflügelsalate erhalten eine besondere Note. Er eignet sich auch für Kräuter- und Bitterliköre.

Salbei
Salvia officinalis

Mit Salbei machen viele Leute zunächst unangenehme Erfahrungen, wenn sie ihn nämlich in Form von Tee gegen Erkältung und Halsschmerzen »genießen« müssen. Dabei kann Salbei ein schmackhaftes Gewürz sein, das als Pflanze auch noch sehr hübsch anzusehen ist.

Der Halbstrauch wird bis zu 50 cm hoch, hat stark verzweigte, filzig behaarte Stengel und lanzettförmige, graugrüne, behaarte gegenständige Blätter mit ledriger Oberseite und feingezahntem, leicht nach innen gerolltem Rand. Er blüht im Juni bis August mit Scheinähren aus violetten, manchmal weißen oder rosafarbenen Lippenblüten.

Der Anbau ist leicht. Salbei wächst in Töpfen oder im Garten, in der Sonne oder im Halbschatten. Salbei im April in trockenen, kalkhaltigen Boden aussäen – einfacher jedoch ist die Anzucht einer Jungpflanze –, eine Staude reicht für einen Haushalt von vier Personen. Nach drei bis vier Jahren verholzt Salbei, also nach spätestens fünf Jahren sollte man sich eine neue Pflanze anlegen.

Salbei verträgt keinen starken Frost, kann aber in milden Wintern auch draußen das ganze Jahr über geerntet werden. Er überwintert ohne Probleme in der Wohnung.

Verwendet werden nur die Blätter. Salbei schmeckt am besten frisch, beim Trocknen verliert er das besondere Aroma, auch beim Einfrieren büßt er viel von seinem Geschmack ein. Dennoch sollte man die überschüssige Salbeiernte trocknen oder Blätter und Stiele für den Fall einfrieren, daß einmal frisches Kraut nicht zur Hand ist.

Salbei enthält ätherische Öle mit kampferartigem Geruch und ist reich an Gerbsäure. Er fördert die Galleabsonderung, wirkt krampflösend, schweißhemmend, ist blutzuckersenkend und wundheilend.

Die frischen Blätter schmecken sehr intensiv. Pro Person, z. B. pro Scheibe Leber, nur ein Blatt nehmen. Salbei paßt zu allen Gemüsen mit wenig Eigengeschmack wie Auberginen, Zucchini und Karotten. Der würzige Geschmack neutralisiert allzuviel Fett bei Braten (Schwein) und Fisch (Aal), paßt aber auch zu Kalbfleisch (Saltimbocca romana), Leber, Geflügelleber und -pasteten, Lamm, Kaninchen, Fleischfüllungen und Hack, Fischsud, Wildbeizen und auch zu Spießen (Salbei zwischen Fleischstücke stecken). Pikante Beilage: in flüssigen Eierteig getauchte, ausgebackene Blätter zu Kalbfleisch.

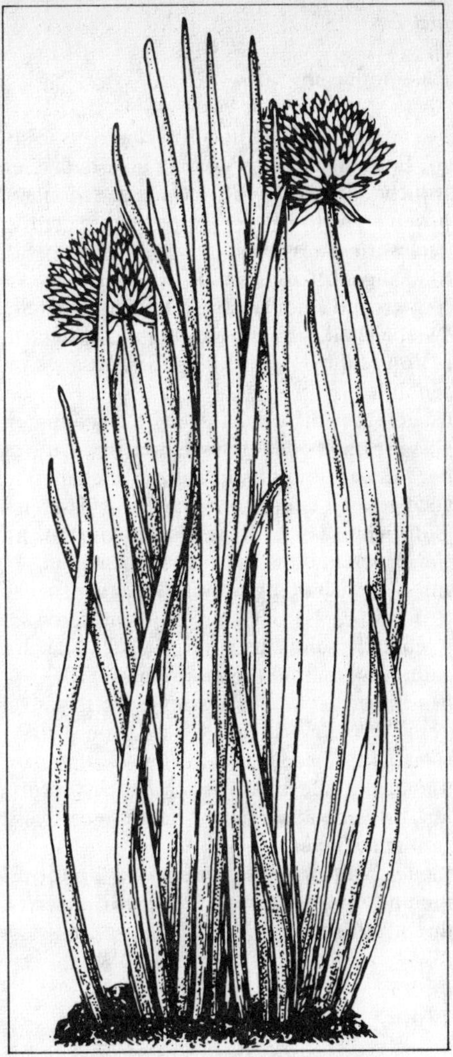

Schnittlauch

Schnittlauch
Graslauch
Allium schoenoprasum

Nach der Petersilie ist Schnittlauch bei uns das meistverwendete Gewürzkraut. Er kam in grauer Vorzeit aus China über den Orient bis in die nördlichen Breitengrade und wurde schon im Mittelalter von Kräuterhexen als Mittel gegen Gespenster, gegen Verstopfung und Magenbeschwerden verwandt.

Schnittlauch gehört zur Familie der Zwiebelgewächse samt Porree, Schalotten und Knoblauch. Unterirdisch hat Schnittlauch viele dünne Zwiebelchen, aus denen dünne, röhrenartige Laubblätter wachsen. Von Mai bis August blüht Schnittlauch mit kleinen blaulila Doldenblüten.

Schnittlauch braucht kalkhaltigen, gut gedüngten, feuchten Boden, wächst in Sonne oder Halbschatten und kann aus Samen gezogen werden. Etwa vier bis fünf Pflanzen reichen für einen Haushalt. Schnittlauch gedeiht überall, im Garten, in Töpfen und in Blumenkästen. Soll Schnittlauch draußen überwintern, ab Ende August nicht mehr gießen und bis auf 1 cm abschneiden.

Für die Vorratshaltung lohnt Trocknen nicht. Schnittlauch schmeckt dann wie Heu. Besser die geernteten Blätter in kleine Röllchen schneiden und einfrieren, vielleicht gleich mit anderen frischen Kräutern vermischt (Salatkräuter).

Schnittlauch schmeckt scharf, würzig und frisch, leicht nach Zwiebeln. Er enthält mehr Vitamin C als Zitrone, außerdem Kalzium, Kalium, Natrium, Phosphor und Eisen.

Schnittlauch darf nie mitkochen. Möglichst sofort nach der Ernte verwenden, da seine ätherischen, schwefligen Öle sich schnell zersetzen und dann stinken.

Schnittlauch paßt zu Kräuterquark und -butter, Eierspeisen, hellen Suppen und Saucen sowie zu jeglichen Salaten (Tomaten-, Gurken-, grünem Salat etc.).

Thymian
Quendel (wilder Thymian)
Thymus vulgaris

Angeblich sollen die Soldaten der römischen Legionen vor dem Kampf in Thymianaufgüssen gebadet haben, um ihren Mut zu stärken. Die Römer haben ein Weltreich erobert – und ein Thymianbad erfrischt kolossal! Nebenbei ist er für Kräuterköche ein unentbehrliches Gewürz, dessen Anbau nicht allzu schwierig ist.

Gartenthymian (achten Sie auf deutschen bzw. Winterthymian) ist ein mehrjähriger, immergrüner Halbstrauch mit bis zu 30 cm Höhe. Er wächst in kleinen dichten Büscheln mit senkrechten holzigen Stengeln und weißen flaumigen Zweigen. Er hat kleine, lanzettförmige, leicht nach oben eingerollte Blätter und blüht mit rosa bis lila Lippenblüten an den Blattachseln als Abschlußähre. Die Zweige des Quendel (Feldthymian oder wilder Thymian) bleiben am Boden und haben breitere Blätter.

Thymian ist anspruchslos, mag trockene, kalkhaltige Erde, einen sonnigen Standort und nur leichte Feuchtigkeit. Die Vermehrung kann durch Aussaat geschehen. Thymian wächst aber so langsam, daß man sich besser Jungpflanzen kauft. Nehmen Sie neben dem winterfesten Gartenthymian (der französische Thymian ist nicht winterfest) auch Quendel (wilden Thymian) und auch den Zitronenthymian, der wirklich nach Zitrone schmeckt und wie Zitronenmelisse verwendet wird. Nur dann riechen und schmecken Sie die Unterschiede. Die spätere Vermehrung erfolgt durch Teilung der Stöcke.

Geerntet wird kurz vor der Blüte (Mai bis Juli, je nach Region). Wenn Sie die Pflanze bis auf 10 cm abschneiden, treibt sie ein zweites Mal aus, und drei Monate später kann wieder geerntet werden. Oder Sie pflücken je nach Bedarf kleine Zweige. Den winterfesten Thymian kann man das ganze Jahr über ernten, es lohnt sich kaum, ihn zu konservieren.

Getrocknet wird Thymian in gebündelten, nach unten hängenden Zweigen, er gewinnt dadurch an Würzkraft. Oder einzelne Blätter und ganze Zweige als Frischwürze für Salate und Suppen einfrieren. Thymian hat ätherische Öle mit den Hauptbestandteilen Thymol und Carvacrol. Er wirkt appetitanregend, verdauungsfördernd, krampfstillend, fördert die Galleabsonderung, ist gut gegen Magenschmerzen, als hustenlösendes Mittel, Wundheilmittel (Badezusatz, Gurgeln, Tee), wirkt magenstärkend und gegen Völlegefühl sowie Sodbrennen.

Thymian immer mitkochen. Er paßt zu Tomaten in jeder Form, zu gehaltvollen Füllungen für Rouladen oder fettes Geflügel, zu Fleisch mit dunklen Saucen, zu Schweine- oder Lammbraten, zu Kaninchen, zu Pilzgerichten (anstatt Petersilie) und Kräuterbutter.

Ysop
Hyssopus officinalis

Ysop gehörte früher in jeden Apothekergarten und auch in Uromas Kräuterecke. Er wurde angewandt gegen Schwindsucht, Entzündungen, Verstopfung und auch bei Schlangenbissen. Wir haben ihn fast vergessen, dabei ist er eine Zierde für jeden Garten und überaus nützlich. Der bis zu 70 cm hohe Strauch wird sehr buschig. Er hat schmale, gegenständige, lanzettförmige Blätter. Ysop blüht von Juni bis August in blauen oder violetten Blüten, die einseitig dicht in den Blattachseln wachsen. Ysop mag lockere, kalkhaltige Erde und viel Sonne. Die Vermehrung erfolgt durch Aussaat im Februar/März, die Keimlinge nach etwa einem Monat umsetzen.

Geerntet werden die Blätter kurz vor und während der Blütezeit. Stengel im Schatten an einem luftigen Ort trocknen, möglichst schnell, damit Aroma und Farbe nicht verlorengehen.

Ysop ist sehr reich an Vitamin C und wirkt hustenlösend, magenstärkend, wundheilend, stimulierend und blähungstreibend. Ysoptee verwendet man gegen Durchfall und bei Magen-Darm-Katarrh.

Ysop schmeckt leicht bitter und minzig. Er ist sehr intensiv und sollte deshalb nur sparsam eingesetzt werden.

Ysop paßt zu Würzessig für Salate, Mayonnaise und Marinaden (z. B. für Sauerbraten und Wild), Kartoffel- und Gemüsesuppen, zu Fisch (Aalsuppe, Fischragouts) und Kräuterbutter. Er schmeckt ein wenig wie Thymian und Salbei, deshalb möglichst nicht zusammen mit diesen Kräutern verwenden.

Zitronenmelisse
Melisse, Bienenkraut
Melissa officinalis

Die Heimat der Melisse ist Südeuropa. Die Benediktinermönche haben das Kraut nach Deutschland gebracht und in ihren Klostergärten angebaut. Denn damit konnten sie angeblich alles heilen, angefangen von Frauenleiden über Melancholie bis zur Fallsucht. Auch gegen Hysterie und Herzschwäche wurde sie verschrieben.

Die Staude wird bis zu 80 cm hoch, hat ovale, gezahnte Blätter und blüht mit blauweißen oder rosafarbenen Lippenblüten. Zitronenmelisse wächst fast überall, und ein Pflänzchen genügt im Garten. Wenn sie im Winter gegen Frost geschützt wird, wuchert die Zitronenmelisse im zweiten Jahr schon kräftig weiter.

Die Anzucht aus Samen ist jedoch schwierig. Deshalb am besten Jungpflanzen kaufen, die sich mehrere Jahre halten.

Zitronenmelisse immer nur frisch verwenden. Sie verliert beim Trocknen das Aroma.

Zitronenmelisse wirkt krampflösend, gegen Schlaflosigkeit und Übelkeit, bei Menstruationsbeschwerden. Sie ist auch verdauungsfördernd.

In der Küche verwendet man Zitronenmelisse in Salaten, Essig, Kräuterquark, Obstsalaten und sommerlichen kalten Getränken. Sie verträgt sich gut mit anderen Würzkräutern in allen Geflügel-, Fisch- sowie Fleischgerichten und kann auch (außer beim Backen) als Ersatz für Zitronenschale genommen werden.

Gemüse aus eigenem Anbau

Kluge Fachleute haben ausgerechnet, daß man, um eine Person übers Jahr mit Gemüse zu versorgen, etwa 20 Quadratmeter intensiv genutztes Gartenland braucht. Für eine vierköpfige Familie wäre das eine Fläche von 80 Quadratmetern, dazu ein größeres Frühbeet für die Anzucht der Pflanzen und schließlich einige Tiefkühltruhen, um die Ernte über die Wintermonate frisch zu erhalten.

Für den Balkon- und Blumentopfgärtner ist die Selbstversorgung also eine schöne Illusion – und doch erscheint es erstaunlich, wieviel Ertrag selbst eine Miniplantage bringt. Fünf Tomatenpflanzen, die auf dem Balkon leicht unterzubringen sind, reichen in einem guten Sommer für viele knackige Salate, frische Suppen sowie köstliche Gemüsegerichte, und sie machen unabhängig vom Angebot der Supermärkte, wo die roten Früchte zwar makellos aussehen, aber durch lange Lagerung und Transportwege meist ziemlich fade schmecken.

Der Reiz des Eigenerzeugnisses wird von uns Kleinbauern ja meist ohnehin höher bewertet als die Kostenersparnis. Aber gerade darum sollte man sorgfältig überlegen, welche Sorten angebaut werden. Es hat nicht viel Sinn, von zehn Gemüsearten jeweils ein bißchen zu ernten. Bleiben wir bescheiden und beschränken uns auf drei bis fünf Sorten, etwa auf Salatpflanzen, Tomaten, ein oder zwei Wurzelgemüse (Radieschen z. B. kann man nach Bedarf nachsäen) und die ergiebigen Bohnen. Wählen Sie nach Ihrem Geschmack – und nach dem Platzangebot Ihres Gärtchens!

Die folgenden Beschreibungen umfassen daher längst nicht die breite Palette der Möglichkeiten, sondern stellen nur eine Auswahl dar.

Auberginen

Auberginen lassen sich genauso leicht ziehen wie Tomaten oder Paprika. Die selbstangebauten Auberginen schmecken nicht nur besser, der Anbau macht alleine schon wegen der schönen Pflanze Freude.

Auberginen vertragen keinen Frost, was bedeutet, daß man sie im Februar/März in kleinen Töpfen oder Zimmergewächshäusern aussät und etwa acht Wochen später ins Freie setzt oder in größere Tontöpfe umpflanzt. Auberginensetzlinge werden von einigen we-

nigen Gärtnereien angeboten. Das dürfte für Gartenanfänger einfacher sein, denn Auberginensamen keimen relativ langsam, und beim Umtopfen muß sehr vorsichtig mit den Keimlingen umgegangen werden.

Die Töpfe sollten einen Durchmesser von 30 bis 35 cm haben (eine Pflanze pro Topf). Die erste Ernte kann etwa vier bis fünf Monate nach dem Aussäen erfolgen. Die Pflanze wird 50 bis 90 cm hoch, sie kann einen Durchmesser von etwa 80 cm erreichen, wenn sie einen warmen, sonnigen Platz und genügend Feuchtigkeit hat. Jedoch ist es kein Problem, die Pflanze regelmäßig zurückzuschneiden und sie dadurch so zu formen, wie man sie haben will bzw. wie Platz vorhanden ist – hoch, niedrig, buschig.

Auberginen blühen blauviolett. Bei Pflanzen, die im Garten wachsen, können alle Blüten belassen werden, bei Auberginen in Töpfen sollte man einige Blüten abschneiden, damit weniger, dafür aber schönere Früchte wachsen und die Pflanze genügend Kraft dafür aufbringen kann.

Auberginen werden etwa 25 cm lang und sind dunkelviolett glänzend. Sie sollten ganz jung gepflückt werden und in der Sonne nachreifen, dann schmecken sie besser – am Stamm ausgereifte Auberginen werden bitter und zäh. Ernten Sie je nach Reifestadium – um so mehr Früchte werden nachwachsen.

Bohnen

Bohnen vertragen keinen Frost, also unbedingt den letzten Frost abwarten, wenn sie draußen keimen sollen. Für die Kultur in Töpfen eignen sich Buschbohnen, die 30 bis 60 cm hoch werden, am besten.

Damit die Bohnen schneller keimen, sollten sie eine Nacht vor der Aussaat in warmes Wasser gelegt werden. Dann pflanzt man zwei bis drei Stück direkt in den Topf, der 20 bis 25 cm tief sein und ca. 25 cm Durchmesser haben soll.

Nach etwa zwei Monaten kann die erste Ernte erfolgen. Bohnen werden geerntet, bevor die Samen anschwellen, dann schmecken sie am besten, und die Büsche bringen außerdem mehr Ertrag. Je nach Sorte kann bis zu sechsmal geerntet werden.

Stangen- oder Feuerbohnen können auch an Balkonwänden hochranken oder als Sichtschutz-Kletterpflanze an einem Gerüst verwendet werden. Dabei sieht die Feuerbohne mit ihren großen Blüten am schönsten aus.

Auch bei diesen Bohnen sollte man den letzten Frost abwarten, bevor man die Keimlinge nach draußen setzt.

Gurken

Gurkensetzlinge werden drei bis vier Wochen vor dem letzten Frost in Tontöpfe gepflanzt, die für eine Pflanze etwa 4 Liter Erde fassen sollten, das heißt einen Durchmesser von 25 cm bei einer Tiefe von 20 cm haben. Gurken brauchen auf dem Balkon eine Rankhilfe, entweder einen Zaun oder ein Gitter. Daran läßt man die Haupttriebe hochranken, dann schneidet man sie ab, damit sich Seitentriebe bilden können. Die müssen dann auch entsprechend befestigt werden. Das Befestigen dieser Ranken muß vor dem Bilden der Früchte geschehen, denn die Gurken vertragen keine Sonne. Wenn man sie ganz normal wachsen läßt, wachsen die Früchte so, daß sie immer unter den Blättern, von der Sonne geschützt, groß werden.

Gurken vertragen aus diesem Grund auch halbschattige Plätze. Wundern Sie sich nicht, wenn Sie in einem heißen Sommer nur wenige oder gar keine Gurken ernten, das liegt nicht an Ihnen.

Je nach Sorte kann man die ersten Gurken nach zwei Monaten ernten. Es kommt aber ganz darauf an, wie groß man die Früchte haben will. Zum Einlegen (süß-sauer) sind die kleinen Gurken am besten. Für Salate läßt man sie einfach wachsen, bis sie groß genug sind.

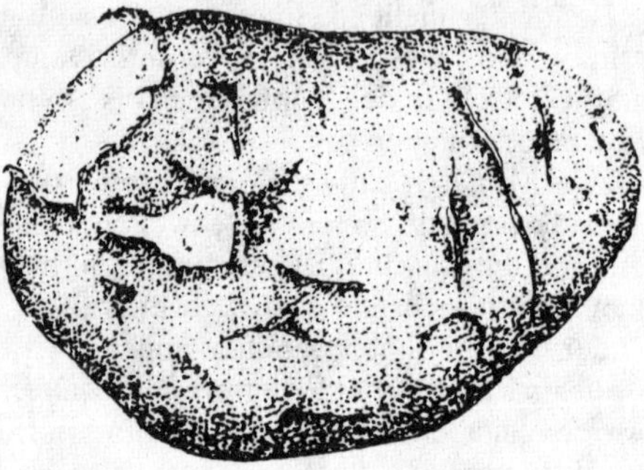

Kartoffeln

Auch auf kleinster Fläche ist der Kartoffelanbau möglich und halbwegs lohnend, nämlich in Tonnen, Fässern oder hohen Kübeln. Kartoffeln sind Nachtschattengewächse, gedeihen also auch schon ganz unten in der Tonne. Die Tonne wird etwa 20 cm hoch mit leicht sandiger Komposterde gefüllt, eine oder zwei Saatkartoffeln werden hineingelegt. Sobald die Pflanze wächst, wird mehr Erde aufge-

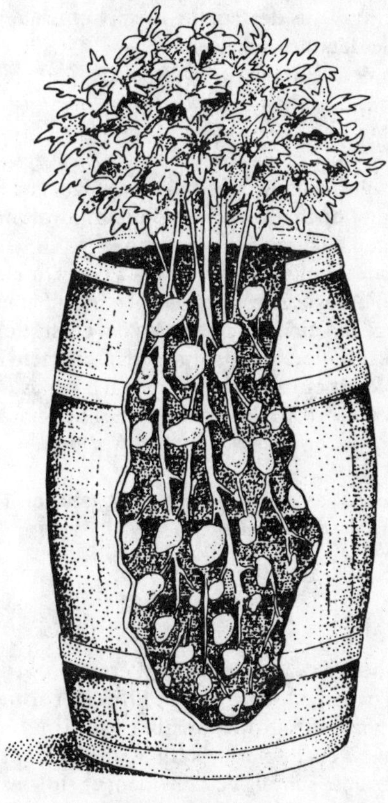

füllt, dann müssen nämlich die oberirdischen Triebe immer höher hinaus, während die Wurzeln, an denen sich die Kartoffelknollen bilden, immer länger werden. Das Anhäufen mit Erde geschieht am besten nachts oder am frühen Morgen. Dann nämlich stehen die Kartoffelpflanzen aufrecht, während sie sich im Laufe des Tages regelrecht hinlegen. Füllen Sie Erde nach, bis der Kübel oder die Tonne voll ist. Dann warten Sie die Blüte ab, nach der das Kraut zu welken beginnt, und leeren die Tonne aus.

Auch wenn Kartoffeln nicht unbedingt zu den Ziergemüsen gehören – der reiche Ertrag aus der Tonne, die ja hübsch angemalt werden kann, wird Sie dennoch sehr erfreuen.

Kohl

Es hört sich zwar seltsam an, wenn jemand von Kohl im Blumentopf spricht – aber es gibt doch auch schon Zierkohl, warum denn dann nicht Kohl, den man auch noch essen kann?

Kohl braucht eine Topfgröße von 20 bis 25 cm Durchmesser und etwa 20 cm Tiefe. Ausgesät werden vier bis fünf Samen in einem Topf. Die Setzlinge bei einer Größe von 3 cm aussortieren, nur die kräftigsten zurückbehalten und jedem seinen eigenen Topf geben. Geerntet werden kann etwa zwei Monate nach der Aussaat.

Kohl verträgt keine große Hitze, keine Sonneneinstrahlung, ist also ein Frühjahrs- oder Herbstgemüse. Am besten, Sie wählen frühe Sorten.

Kohl braucht viel Wasser, darf aber nicht mit den Füßen darin stehenbleiben, und gute Düngung.

Kürbisse

Auch Kürbisse sind Verwandte von Gurken und werden genauso kultiviert. Vier Wochen vor dem letzten Frost in Torftöpfchen aussäen, dann umpflanzen in große Gefäße. Kürbisse brauchen viel Sonne und ständige Feuchtigkeit. Sollten Sie eine rankende Sorte haben, müssen Sie diese ständig beschneiden, da sie sonst alles überwachsen und überwuchern. Sie können durchaus als Sichtschutzwand verwendet werden.

Frische junge Kürbisse schmecken anders als die ausgewachsenen. Reife Früchte sind länger lagerfähig.

Möhren und Karotten

Auf den Anbau von Möhren sollte man nicht verzichten, auch wenn man sie das ganze Jahr über kaufen kann. Wenn ich mir meine Möhren ansehe, diese krummen, manchmal unförmig aussehenden »er-

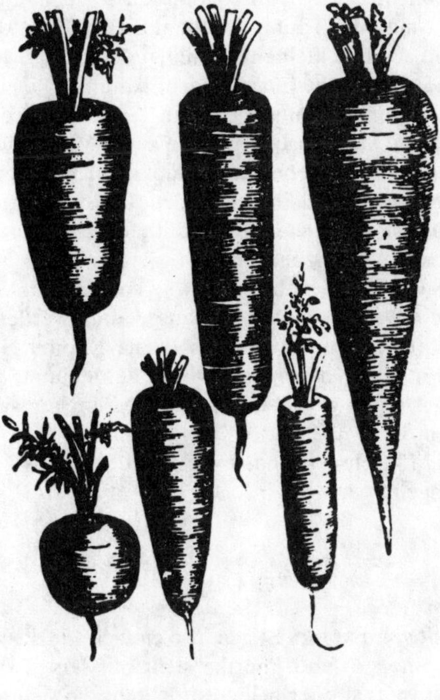

wachsenen« Wurzeln, dann kommen mir die schönen, glatten aus den Gemüseläden sehr langweilig vor – und sie schmecken auch so.

Besonders vorzüglich sind die ganz jungen, etwa 4 bis 8 cm langen Möhrchen! Und die muß man in Geschäften lange suchen, bis man sie zu einem einigermaßen günstigen Preis bekommen kann.

Möhren sind sehr einfach anzubauen. Normale Gartenerde reicht nicht nur völlig aus; wenn sie leicht und locker ist, können sich die Wurzeln zudem schnell entwickeln und reifen zu einer süßen, zarten Delikatesse.

Möhren werden im Frühjahr, etwa drei bis vier Wochen vor dem letzten (vermutlichen) Frost gesät, die Ernte kann nach sechzig bis achtzig Tagen erfolgen. Die Keimzeit der Möhren dauert etwa zwei bis drei Wochen. Die Samen müssen feucht gehalten werden, am besten deckt man die Töpfe, nachdem die Erde gut durchfeuchtet ist, mit Folie ab. Die kleinen Keimlinge dann vorsichtig mit einer Sprühflasche gießen und immer feucht halten.

Die Töpfe oder Kästen sollten eine Tiefe haben, die etwa 5 cm länger ist, als die Möhrensorte werden kann. Meist reicht eine Tiefe von 20 bis 25 cm. Abgesehen davon läßt kaum ein Blumentopfgärtner die Finger von den kleinen Pflanzen. Die Neugier, und auch die »Gier« nach dem jungen Gemüse, läßt meistens keine Wurzel größer werden als 10 bis 15 cm.

Wenn das Laub eine Höhe von etwa 5 cm hat, müssen die kleinen Pflanzen auf etwa 2,5 cm Abstand ausgedünnt werden. Jetzt sollte man vielleicht auch etwas düngen (siehe Kapitel Naturdünger). Nach weiteren vier Wochen wird wieder ausgedünnt, auf etwa 7 cm Abstand. Die dabei geernteten kleinen Möhrchen sind schon ein Leckerbissen.

Von allen Möhrensorten hat übrigens die Sorte Juwarot den höchsten Karotingehalt.

Paprika

Die Aufzucht von Paprika ist genauso einfach wie die von Tomaten (und Auberginen) – und Paprika sieht mit seinen dunkelgrünen Blättern und grünen oder gelben Früchten, die sich je nach Sorte rot färben, sehr schön aus. Paprika kann als Zimmerpflanze, etwas zurückgeschnitten, sogar überwintern – die letzten Früchte reifen an einem warmen, sonnigen Fensterplatz noch weiter.

Der Anbau geschieht wie der von Tomaten (Aussäen oder Setzlinge kaufen). Die selbstgezogenen Keimlinge können gleich in den endgültigen Topf umgepflanzt werden, Topfgröße 15 bis 20 cm Durchmesser, ca. 30 cm Höhe. Die ersten Früchte können etwa vier Monate nach der Aussaat geerntet werden. Die Pflanzen erreichen eine Höhe bis zu 90 cm, wenn sie nicht zurückgeschnitten werden.

Auch Paprika verträgt keinen Frost, sollte also frühestens im Mai nach draußen gestellt oder gepflanzt werden.

Radieschen

Ich kenne kaum einen Balkongärtner, der den Anbau von Radieschen noch nicht ausprobiert hat. Und noch weniger, denen das nicht gelungen ist.

Radieschensamen werden ganz einfach in den Topf gelegt oder im Balkonkasten (mindestens 15 cm Tiefe) gesät, gedüngt wird ganz wenig nach dem Auskeimen. Und dann brauchen Radieschen nur noch ständige Feuchtigkeit, damit Sie nach drei bis vier Wochen schon die erste Ernte einbringen können. Und dann sät man wieder aus. Radieschenliebhaber säen also einfach alle sieben bis zehn Tage ein kleines Beet aus und haben bis in den späten Herbst frische rote Wurzeln. Oder man ersetzt jedes gegessene Radieschen gleich mit neuen Samen, dann braucht man nur ein Beet, hat aber ständig Nachwuchs. Dabei sollte ein Abstand von etwa 2 cm unbedingt eingehalten werden, damit sich die Pflänzchen gut entwickeln können. Normale Pflanzerde ist übrigens genau das richtige für Radieschen, weil sie leicht und locker ist.

Radieschen mögen keine direkte Sonne, Halbschatten bevorzugen sie. Im Sommer also darauf achten, daß sie z. B. nur die Morgensonne abbekommen oder völlig im Schatten stehen, sonst wird die Ernte um ein Vielfaches geringer. Die kleinen, jungen Radieschen schmecken am besten, die großen werden leicht holzig und ungenießbar.

Rote Bete

Wo findet man im Gemüseladen schon Rote Bete, die nur einen Durchmesser von 3 bis 4 cm hat? Und gerade dann schmeckt sie am besten. Abgesehen von den Knollenwurzeln schmecken die wie Salat angemachten Blätter sehr gut. Und Gemüse, wie Blattspinat zubereitet, geben sie ebenfalls ab – alles sehr vitaminreich.

Rote Bete wird direkt in einen Topf mit 25 bis 30 cm Tiefe gepflanzt, und zwar kurz vor dem letzten Frost. Die Pflanzen mögen kühles Wetter, wachsen also am besten im Frühjahr und im Herbst. Die Keimlinge, wenn sie etwa 5 cm groß sind, werden vereinzelt, sie brauchen einen Abstand von 4 bis 5 cm. Später, bei einer Höhe von etwa 20 cm, müssen sie nochmals vereinzelt werden auf etwa die doppelte Entfernung.

Sollte sich die Knolle aus der Erde herausdrücken, deckt man sie einfach wieder mit wenig Erde zu.

Übrigens – Rote Bete mag ganz normale Kompostpflanzerde wegen ihrer Feinkrümeligkeit. In solchem Boden können die empfindlichen Wurzeln am besten gedeihen.

Salat

Jegliche Salatsorten, ob Kopfsalat, Endivien oder Blattsalat, sind für die Topfkultur geeignet. Am besten – auch für Leute, die schnellen Erfolg haben wollen – ist der Blattsalat. Da gibt es den amerikanischen Pflücksalat, von dem man schon nach etwa drei Wochen die ersten Blätter ernten kann. Nur von außen pflücken, dann bringt das Herz der Pflanze immer neue Blätter. Sie können auch Schnittsalat oder den »normalen« Pflücksalat nehmen.

Wenn alle zehn Tage etwas ausgesät wird, können die ersten Salatblätter schon nach etwa zwei Monaten geerntet werden, und dann hat man über Monate hinaus frische Blätter.

Bei allen Blattsalatsorten kann man davon ausgehen, daß die Ernte verlängert wird, wenn man nur von außen erntet, der Kern bringt bei allen immer wieder neue Blätter, die sogar noch schmekken, wenn der Salat schon »schießt«.

Nach etwa $2^1/_2$ Monaten bildet Blattsalat Samen. Wenn Platz genug im »Garten« ist, kann man die Pflanzen auswachsen lassen, so daß sich die Samen ausstreuen und neue Pflanzen bilden. Das dauert normalerweise ziemlich lange. Besser ist es auf jeden Fall, die alten Pflanzen wegzuwerfen und neue zu säen.

Blattsalat verträgt keine große Hitze, nach Möglichkeit im Halbschatten stellen oder pflanzen.

Radicchio oder Chicorée können noch im Herbst an einem windgeschützten sonnigen Platz ausgesät werden. Diese Sorten sind nicht so frostempfindlich und wachsen bis in den frühen Winter.

Sellerie

Sellerie kann im Garten selbst gezogen werden, wobei sich der Anbau von Knollen kaum eignet. Zum einen bekommt man Knollensellerie das ganze Jahr über frisch und billig zu kaufen, zum anderen ist die Aufzucht im eigenen Garten sehr anspruchsvoll, fast so schwierig wie beim Spargel. Wenn Sie es dennoch probieren wollen:

Knollensellerie wird im Frühjahr in Torftöpfen ausgesät und Ende Mai im Abstand von etwa 30 cm ausgepflanzt. Die Pflanzen müssen von Unkraut frei gehalten und ständig befeuchtet werden, dann kann man vor den ersten Frösten im Herbst die Knollen ernten. Noch mehr Pflege braucht Bleich- und Staudensellerie. Die Pflanzen müssen unterirdisch wachsen, damit die Stiele zart und hell bleiben. Das bedeutet, daß man ständig Erde aufschütten muß, um einen Wall zu erhalten, der die Pflanzen schützt.

Was aber nicht überall zu kaufen ist und kaum Arbeit macht, ist Schnitt- und Blattsellerie. Er gedeiht fast überall, auch in Balkonkästen. Und die Blätter sind weniger herb und zarter als die von Knollensellerie – eine gute Würze für Suppen, Gemüsegerichte und Salate. Außerdem behält Blattsellerie beim Trocknen sein volles Aroma. Und auch das ist einfach: einfach ein Bündel trocken und dunkel aufhängen oder im Backofen bei 30 Grad Celsius langsam trocknen. Die trockenen Blätter dann gut verschlossen und dunkel aufbewahren.

Auf dem Balkon oder der Terrasse läßt sich der Bedarf einer Einzelperson – geschweige denn einer Familie – mit dem kostbaren Gemüse nicht decken. Der Anbau lohnt sich trotzdem, denn abgesehen vom Genuß der Stangen sieht Spargel mit den bis zu 1,80 m hohen gefiederten Blättern sehr dekorativ aus, besonders im Spätsommer, wenn das Spargelkraut orangerot wird.

Spargel braucht Töpfe in der Größe eines Putzeimers. Auch ein solcher ist absolut geeignet für den Anbau, wenn für die Drainage gesorgt wird. Spargel kann man nicht selbst aussäen. Gekaufte Jungpflanzen bringen erst nach zwei bis drei Jahren einen nennenswerten Ertrag. Dennoch muß das Pflänzchen übers Jahr bis zum Absterben regelmäßig mit gutem, nährstoffreichem Dünger versorgt werden. Dafür eignet sich am besten der als Düngetee bekannte getrocknete Stallmist. Damit sollten Sie die Erde schon düngen, bevor die Pflanze gesetzt wird; beim Einpflanzen unbedingt darauf achten, daß die Wurzeln gut ausgebreitet sind. Danach alle zwei bis drei Wochen düngen und feucht halten, aber nicht unter Wasser setzen. Die letzte Nahrung erhält Spargel, bevor er seine Winterpause antritt. Dann muß der Kübel oder Eimer mit Papier und Folie umwickelt werden und an einen vor Wind und starkem Frost geschützten Platz gestellt werden.

Im nächsten Frühjahr sollten Sie die Erde außer mit dem Stallmist auch mit phosphorreichem Dünger, der außerdem noch zu gleichen Teilen Stickstoff und Kalium enthält, vermischen. Und in diesem Jahr kann auch die Ernte schon beginnen. Es ist eine Kunst, die durch Übung erworben werden muß, zu erkennen, wann ein Spargelköpfchen durch die Erde brechen will. Dann fährt man mit einem Spargelstecher am Schaft entlang, schneidet die Stange in einer Tiefe von etwa 20 cm ab, ohne die Pflanze zu verletzen oder die Erde aufzuwühlen.

Natürlich können Sie keine 25 oder 30 Spargelpflanzen auf Ihre Loggia stellen, so daß bei einer Ernte auch eine Mahlzeit garantiert ist. Wie wäre es, wenn Sie Ihren Spargel einfrieren, bis Sie eine Mahlzeit für mehrere Personen gesammelt haben? – Und dann sollte man aus diesem Grund doch gleich ein Fest machen, oder nicht? Spargel wird übrigens zwanzig Jahre alt und älter. Vielleicht wird er ja gerade deshalb und wegen der Pflege, die er braucht, Ihre Lieblingspflanze. Versuchen Sie es doch einfach mal!

Spinat und Mangold

Spinat mag die kühle Feuchtigkeit. Frühjahr und Herbst sind die besten Zeiten für ihn. Und Spinat sieht im Blumentopf wie eine schöne Zierpflanze aus, die bis in den Winter (in wärmeren Gegenden) grüne Blätter trägt.

Spinat wird in einzelnen Torftöpfen ausgesät und muß dann einzeln in etwa 20 bis 25 cm große Töpfe gepflanzt werden. Spinat braucht einen hohen Stickstoffanteil in der Erde, damit er schnell wächst, dann schmeckt er auch am besten.

Spinat wird nicht hoch, er breitet sich zur Seite hin aus. Geerntet werden kann etwa zwei Monate nach der Aussaat, dann pflückt man von jeder Pflanze einige Blätter, damit sie vom Herz her neue Blätter entwickeln kann. So hat man bis zur heißen Jahreszeit ständig frischen Spinat.

Wärme über 25 Grad Celsius verträgt Spinat nicht. Im Hochsommer sollte man dann Mangold vorziehen. Mangold wird genauso kultiviert wie Spinat und schmeckt ähnlich. Die Zubereitung ist identisch.

Tomaten

Tomaten gehören zu den Pflanzen, die sich auf einem windgeschützten, sonnigen Balkon wohler fühlen als in einem verregneten Garten, wenn sie ausreichend Dünger, in diesem Fall Spezialdünger mit viel Phosphor, bekommen. Phosphor brauchen die Tomaten für die Fruchtbildung, mit viel Stickstoff würden sie nur sehr viele Blätter bilden, aber auf Früchte könnte man lange warten.

Die kleinen Tomatensorten brauchen nur eine Topf von 30 cm Höhe und 20 cm Tiefe, diese Sorten werden nur etwa 80 cm hoch. Normale Tomatenstauden wachsen doppelt so hoch und benötigen

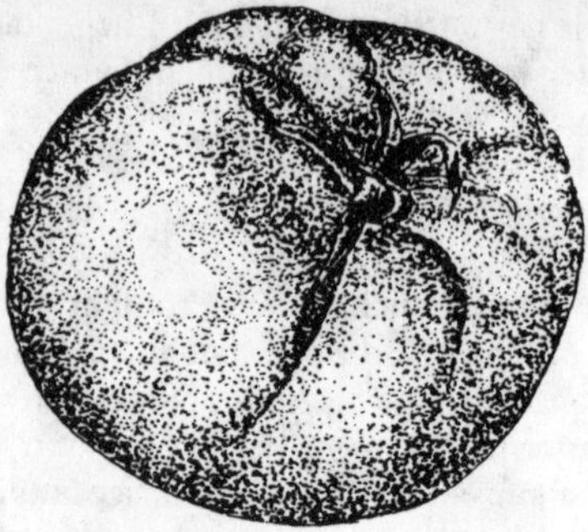

etwa 10 Liter Erde. Für den kleinen Balkon eignen sich die relativ neu gezüchteten Buschtomaten, die nur ca. 60 cm hoch werden und sehr widerstandsfähig sind. Über andere balkongeeignete Sorten gibt Ihnen jeder Gärtner gerne Auskunft. Dort kann der Anfänger auch Jungpflanzen erwerben.

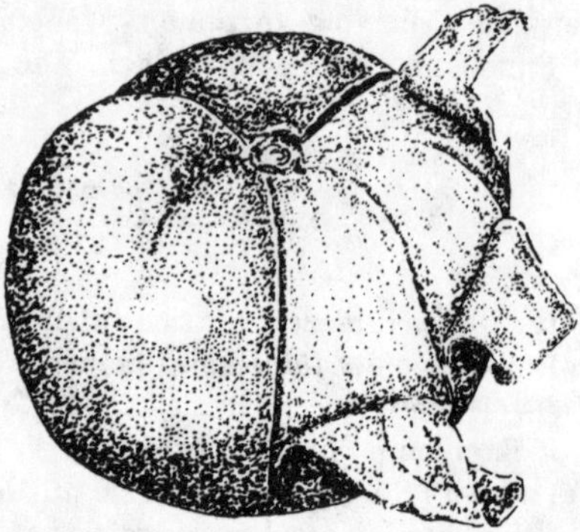

Fortgeschrittene Blumentopfgärtner versuchen es mit eigener Anzucht. Tomaten etwa zwei Monate vor dem letzten Frost in kleinen Torftöpfchen aussäen, die kleinen Pflanzen werden dann direkt in die endgültigen Töpfe umgepflanzt. Jedoch sollten sie wirklich erst nach dem letzten Frost, etwa Anfang Mai, nach draußen, da sie keine Kälte vertragen. Und dann gewöhnt man sie auch nur langsam an Wind- und Sonneneinfluß, da die kleinen Pflanzen noch sehr empfindlich sind. Nach und nach immer einige Stunden länger herausstellen, nachts zuerst noch drinnen behalten, bis sie dann endgültig im warmen Mai auf dem Balkon bleiben können.

Außer der Buschtomate brauchen alle anderen Tomatenpflanzen eine Stütze, bestehend aus einem Stab, den man beim Umpflanzen schon neben die Pflanze steckt, oder bei größeren Sorten ein Stütz-

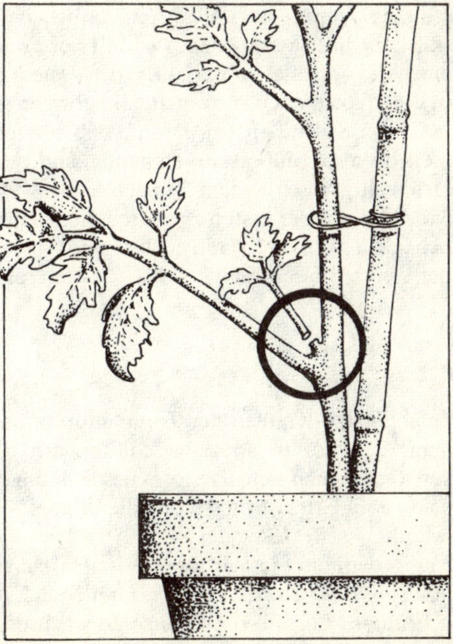

gitter an der Wand. Zum Festbinden sollten Sie niemals dünne Fäden benutzen, diese würden die Stengel beschädigen. Besser sind alte Nylonstrümpfe oder Stoffstreifen.

Nach dem Umtopfen bekommen die Tomaten ihren ersten Phosphordünger (Spezialdünger ist beim Gärtner zu erhalten). Drei Wochen später sollte man mit einer alle zehn Tage stattfindenden Düngung anfangen, damit die Pflanze gleichmäßig wachsen kann. Das ist die Voraussetzung für eine große Ernte. Tomaten vertragen viel Sonne, gegen starken Wind und zu große Hitze sollte man sie schützen. Es gibt mittlerweile spezielle Tomatenhauben aus Plastik, die »mitwachsen«. Diese schützen die Tomaten zwar vor Wind und Regen, aber nicht vor sengender Sonne. Bei Temperaturen über etwa 32 Grad Celsius müssen die Tomaten in den Schatten, besonders wenn sie von reflektierenden Wänden umgeben sind.

Man sollte eine Tomate auch nicht einfach wuchern lassen. Sie bildet in den Blattachsen Seitentriebe, wilde Triebe oder auch Geiztriebe genannt, die der Pflanze zuviel Kraft nehmen. Zwei bis drei Triebe kann die Pflanze noch vertragen, alle übrigen sollte man abschneiden. Achten Sie außerdem darauf, daß für jede Tomatenpflanze sieben bis acht Blütentrauben genug sind, weitere Blüten sollte man frühzeitig abschneiden. Je nach Sorte kann man schon nach zwei Monaten mit der ersten Ernte rechnen. Tomaten ernten, wenn sie noch leicht grün sind, dann ein bis zwei Wochen nachreifen lassen. In der Zeit entfalten sie dann das größte Aroma.

Topinambur

Die kartoffelähnlichen Knollen der Topinamburpflanze sind noch wenig bekannt und nur in Spezialgeschäften erhältlich. Gerade diese Knollen aber eignen sich als exotisches Balkongemüse, zumal sie einen recht guten Ertrag bringen und die Pflanze – eine Sonnenblumenverwandte – sehr dekorativ ist.

Der Anbau ist denkbar einfach. Bereits im Herbst eine Knolle in einen großen Topf oder Kübel legen und mit Mulch oder Torf abdecken. Im Frühjahr beginnt die Pflanze zu wachsen, sie wird bis zu 180 cm hoch und bringt im Spätsommer leuchtend gelbe Blüten.

Die Pflanze stirbt im Herbst ab, dann ist auch Erntezeit. Am besten gräbt man nur so viel aus, wie man gerade braucht, denn Topinambur ist nicht lagerfähig und schrumpelt an der Luft ein. In der Erde vertragen die Knollen dagegen auch strengen Frost. Eine Knolle bleibt im Topf und bringt im nächsten Frühjahr die neue Pflanze.

Die Verwendungsmöglichkeit der exotischen Knollen in der Küche ist vielseitig, man kann sie kochen, backen oder roh essen. In asiatischen Gerichten können sie als Ersatz für die schwer erhältlichen Wasserkastanien dienen. Schlicht gedünstet und mit Rahm serviert, entwickeln sie einen delikaten nußartigen Geschmack.

Zucchini

Zucchini wachsen im Gegensatz zu Gurken an sehr buschigen Pflanzen, die schon nach zwei Monaten eßbare Früchte tragen. Gesät werden Zucchini etwa vier Wochen vor dem letzten Frost in Torftöpfe, und wie Gurken brauchen sie feuchte, aber keine nasse Erde.

Ausgewachsene Zucchini schmecken nicht so gut wie kleine Früchte, deren Schale noch weich ist. Für den täglichen Verbrauch sollten die Zucchini geerntet werden, wenn sie etwa 8 cm lang und 2 cm dick sind. Leicht in Butter geschwenkt, sind sie dann ein Lekkerbissen. Größere Zucchini brauchen eine längere Garzeit und müssen, in Scheiben geschnitten, gebraten oder gebacken werden.

Zwiebeln und Schalotten

Da Zwiebeln nicht frostempfindlich sind, kann man mit der Aufzucht schon im Februar/März beginnen. Am besten geht das mit Steckzwiebeln oder Jungpflanzen. Beide werden im Abstand von knapp 3 cm gepflanzt, etwa 2,5 cm tief. Bei Jungpflanzen kann man schon nach drei Wochen, bei Steckzwiebeln nach etwa fünf Wochen die ersten Zwiebeln ernten, und zwar jeweils die zweite, damit die restlichen mehr Platz haben, um größer zu werden.

Wenn Sie Zwiebeln in Töpfen ziehen wollen, sollten diese mindestens 15 cm tief sein. Ausgepflanzt wird direkt in diesen Töpfen.

Obst

Seit einigen Jahren gibt es Zwergbäume von Äpfeln, Kirschen und Birnen – die sogenannte *Spur*-Züchtung –, die man im Kübel auf größeren Balkons oder Terrassen anpflanzen kann.

Diese neuen Zwergformen sind natürlich empfindlicher als die großen Eltern. Im Winter können sie nicht draußen bleiben, sie sollen in einen hellen, kühlen Raum gestellt werden. Wenn diese Möglichkeit nicht besteht, müssen sie vor Kälte geschützt werden. Das kann z. B. mit einer Mulchdecke und Strohmatten auf dem Kübel geschehen, oder man stellt den ganzen Kübel in ein Styroporgefäß. Eine Mulchdecke ist natürlich auch dann empfohlen. Gegossen wird erst wieder, wenn der letzte Frost vorbei ist. Und dann auch nur morgens, damit die Feuchtigkeit bis zur Nacht oder bis zu einem eventuellen nochmaligen Frost wieder verdunstet ist.

Die Erde muß regelmäßig gedüngt werden. Außerdem sollte man einmal im Jahr, nach Möglichkeit im Herbst, einen Teil der Erde mit frischer, humus- und nährstoffreicher Erde auswechseln.

Die meisten dieser Zwergbäume sind Selbstbefruchter. Trotzdem sind Bienen sehr nützlich. Sollten sich die Bienen nicht von selbst einstellen, helfen vielleicht kleine flache Schalen mit einer Zuckerlösung, den Weg zu den Blüten finden die Bienen dann von allein. Ansonsten sollte man die Blüten selbst mit einem dünnen, weichen Pinsel bestäuben.

Äpfel

Bei den Äpfeln gibt es zwei Sorten, die nur etwa 1,75 m hoch werden: die *Wellspur Delicious* und der *Golden Deliciousspur*. Diese Bäumchen wachsen buschig und gleichmäßig verzweigt. Sie tragen normalerweise schon im ersten Jahr Früchte. Sollten Sie nicht beide Bäumchen zusammen aufstellen können, müssen Sie für die Befruchtung selbst sorgen. Ansonsten befruchten sie sich gegenseitig.

Ein Gag ist der Doppelapfelbaum, der aus Roten Jonathan und Golden Delicious besteht. Beide Apfelsorten wachsen auf einem Baum. Dieser Baum wird etwa 3 m hoch. Die erste Ernte kann erst ein bis zwei Jahre später erfolgen. Dieser Baum befruchtet sich selbst – gegenseitig zwischen den beiden Apfelsorten.

Birnen

Wie die Äpfel, so auch die Birnen. Auch bei diesen Bäumchen gibt es im Fachhandel Züchtungen, die in Kübeln gedeihen, 2,5 bis 3 m hoch werden und viele schöne Früchte tragen.

Vielleicht haben Sie sich einmal gefragt, wie bei einigen Birnenschnapssorten die Birne in die Flasche kommt. Versuchen Sie es doch einmal selbst: Kurz nach der Blüte, wenn sich zeigt, daß eine Frucht wächst, wird eine Flasche über den Zweig gesteckt und am Flaschenhals befestigt. So wächst die Birne in die Flasche hinein. Und wenn sie reif ist, zieht man die Flasche vorsichtig raus, die Birne bleibt drin. Nun füllen Sie die Flasche mit Birnenschnaps auf – ein schönes Geschenk, ihre selbstgezüchtete Birne mit gutem Geist.

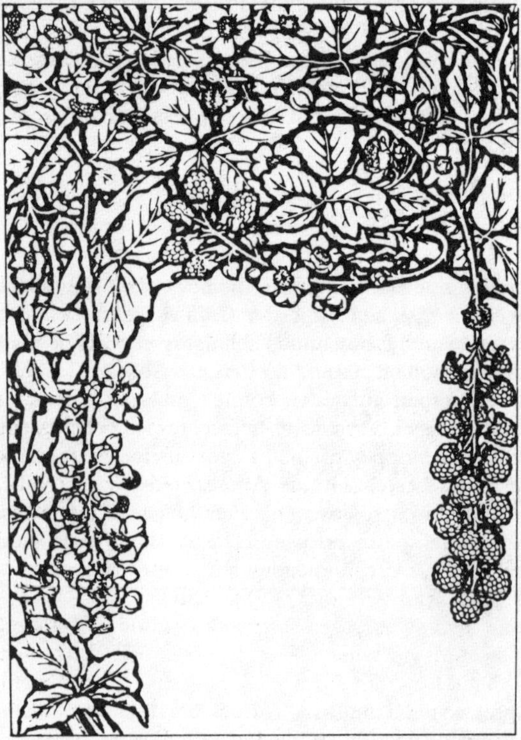

Brombeeren

Warum lassen Sie nicht eine Kletterbrombeere statt Efeu an Ihrer Hauswand hochranken! Die größte Hitze, die stärkste Sonneneinstrahlung, dieser Pflanze macht das nichts aus, solange sie einen tiefen, humusreichen Boden und ständige Feuchtigkeit hat.

Im Handel werden Kletterbrombeeren (auch ohne Stacheln) angeboten, die bis zu 4 m hoch wachsen und an einem Spalier oder einer Pergola hochranken. Ein Abstand von 3 m zwischen den Pflanzen, und in zwei Jahren haben Sie eine ertragreiche Hauswand.

Für den Balkon sind Brombeeren nur geeignet, wenn sie große Kübel mit nährstoffreicher kompostversetzter Erde erhalten und regelmäßig gut gedüngt werden. Aber auch dann werden die Brombeerhecken nicht so schön wie in gutem Mutterboden an der Hauswand.

Erdbeeren

Ob nun Monatserdbeeren, Rankerdbeeren oder Hängeerdbeeren – sie sind nicht nur eine Zierde für Balkon und Garten, die Ernte lohnt immer. Lediglich für das Haus sind Erdbeeren ungeeignet, weil sie zuviel Sonne brauchen, um ertragreich zu sein.

Die Qual liegt bei der Wahl der Sorte. Monatserdbeeren kann man bis April noch pflanzen. Sie haben keine Ranken, sind aber sehr robust und eignen sich für Terrassenumrandungen wie für Beete oder Blumenkästen. Und im Juni tragen sie schon die ersten Früchte, die dann bis zum ersten Frost laufend geerntet werden können. Dann gibt es die immertragenden Sorten, die im Herbst die ersten Früchte tragen, und die Junierdbeeren, die erst im zweiten Jahr Ernte bringen, dafür aber ertragreicher sind.

Und dann ist da noch die Klettererdbeere oder Rankerdbeere, die einen größeren Blumentopf und eine Rankhilfe braucht. Mit vier bis fünf Pflanzen kann man eine sonnige Balkonwand bis zu etwa 1,50 m zuwachsen lassen. Dabei muß für ausreichend Düngung gesorgt werden, damit die Erdbeeren viele Blüten bilden.

Erdbeeren werden direkt in das endgültige Gefäß gepflanzt und gleich mit feuchter Erde bedeckt. Dann sollten sie erst wieder gegossen werden, wenn sie angewachsen sind und erste Zeichen eines Wachstums zeigen. Dabei sollte man im ersten Jahr bei den immertragenden Sorten einige Blüten abschneiden, damit die Pflanze kräftiger wird. Die Junierdbeeren blühen schon ab Anfang Mai, tragen jedoch im ersten Jahr keine Früchte.

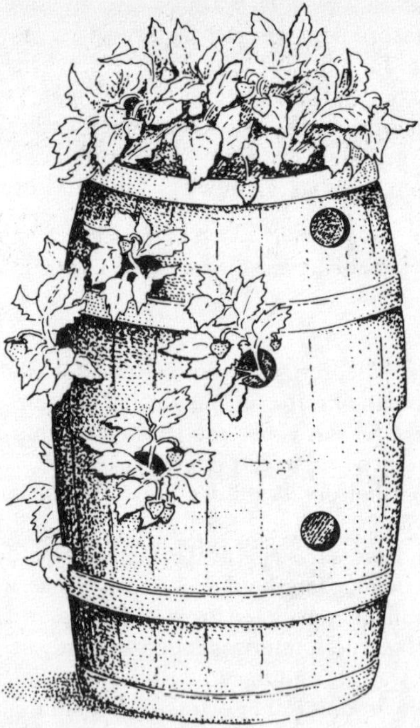

Ein idealer Behälter für Erdbeeren ist ein Faß. Vielleicht treiben Sie bei einem Winzer oder in einer Kneipe ein altes Holzfaß auf. In den Boden dieses Fasses bohren Sie einige kleine Löcher und im Abstand von 30 cm seitlich und 20 cm in der Höhe versetzt etwa 8 cm große Löcher. Dann füllt man 3 bis 5 cm Kies auf den Faßboden. Nun wird in die Mitte des Fasses ein 10 cm dickes Rohr (Gitterdraht, starke Pappe oder Kunststoff) gestellt, das mit Kieselsteinen gefüllt wird.

Füllen Sie Erde bis zu den ersten Löchern, setzen Sie die Pflanzen von außen durch die Löcher in das Faß hinein, und füllen Sie es mit Erde bis zur nächsten Lochreihe usw. usw.

Oben angekommen, wird das Rohr herausgezogen, so daß ein wasserdurchlässiger Schaft bleibt, der zum Wässern aller Pflanzen nötig ist. Nun können Sie oben auf das Faß auch noch einige Erdbeerpflanzen setzen.

Eine weitere Möglichkeit, auf kleinem Raum viele Früchte zu ernten, ist die Pyramide, die in vielen Fachgeschäften angeboten wird. Sie besteht aus drei bis vier etwa 12 cm hohen Ringen aus Ton, Kunststoff oder verzinktem Blech. Für Balkongärtner muß der untere Ring durch eine große Schale ersetzt werden.

Die untere Schale wird mit Erde gefüllt, dann werden die Ringe einzeln aufgesetzt und jeweils wieder mit Erde gefüllt. Die Pflanzen dann im Abstand von 25 bis 30 cm in die Ringe pflanzen. Die Erdbeeren können in diesem Gefäß besser ranken, stören auch ihre Nachbarn weniger, weil sie sich auch nach unten ausbreiten können.

Wenn Sie für all das keinen Platz haben, versuchen Sie es doch einfach einmal mit einer Erdbeerampel und nehmen eine nach unten rankende Sorte. Die können Sie auch ganz bequem in der Wohnung überwintern lassen, soweit Sie einen kühlen, aber geschützten hellen Platz dafür haben.

Johannisbeeren/Stachelbeeren

Auch Johannisbeeren gibt es als Stammstrauch, der bis zu 120 cm hoch wird. Dabei ist der Stamm selbst etwa 70 cm hoch. Johannisbeeren brauchen einen Kübel, der etwa 40 Liter faßt. Die Sträucher können leicht auf Balkon oder Terrasse gehalten werden. Das gleiche gilt auch für rote und weiße Stachelbeeren.

Alle Beeren brauchen organischen Dünger und regelmäßige Pflege sowie eine Mulchdecke, damit sie nicht austrocknen.

Kirschen

Auch von Kirschen gibt es Kleinbäumchen, die etwa 2,5 m hoch werden und sehr buschig wachsen. Diese Bäumchen brauchen einen Kübel, der etwa 60 Liter faßt, und natürlich auch sehr nahrhafte Erde. Wie bei den Äpfeln sollte man die Erde einmal jährlich zum Teil auswechseln und regelmäßig für Düngezugaben sorgen. Selbstbefruchter ist bisher lediglich die Sauerkirsche, alle anderen Sorten befruchten sich zum Teil gegenseitig, oder man befruchtet sie selbst mit einem Pinsel. Die Früchte sind genauso groß wie die der großen Bäume.

Kiwi

Kiwis können Sie selbst anpflanzen – und Kiwis bilden eine wunderschöne Kletterpflanze, die nach oben oder nach unten ranken kann. Hierbei benötigen Sie zur Fruchtbildung eine männliche und eine weibliche Pflanze. Eine männliche Pflanze kann fünf weibliche befruchten.

Die Sträucher werden bis zu 3 m hoch und 8 m breit, für den Normalbalkon reichen also schon eine männliche und eine weibliche Pflanze. Im Mai blüht Kiwi mit cremefarbenen Schalenblüten, wobei die männliche Blüte kleiner ist als die weibliche. Im Juni bilden sich dann die Früchte, die aber erst im Oktober geerntet und ab Dezember gegessen werden können.

Der Vitaminanteil ist so hoch, daß z. B. der Vitamin-C-Bedarf eines Erwachsenen pro Tag schon mit einer Frucht gedeckt ist.

Kiwis brauchen gehaltvolle humusreiche Erde und müssen regelmäßig gedüngt werden. Immer leicht feucht halten.

Nektarinen/Pfirsiche/Aprikosen

Der Nektarinenzwerg »Nectarella« wird nur 1 bis 1,30 m hoch. Er bildet eine lockere Hecke oder kann im Kübel kultiviert werden, braucht aber sehr nährstoffreiche Erde. Diese Nektarinen blühen im April, und die Früchte können ab August geerntet werden.

Auch die Aprikose »Polonais« wächst am Busch. Ab Mitte Juli kann man die Früchte ernten.

Der Pfirsich, der im Kübel gedeiht, hat rote Blätter, wird deshalb auch rotblättriger Pfirsich genannt. Er wächst jedoch bis zu 3 m hoch und braucht Kübel, die mindestens 80 Liter fassen. Er blüht im April, geerntet wird ab Juli.

Konservierung von Kräutern

Selbstgezogenes Gemüse und Obst aus dem Minigarten ist so köstlich, daß es nur zum »alsbaldigen Verbrauch« bestimmt ist. Zum Tiefgefrieren oder Einmachen bleibt da nichts mehr übrig.

Natürlich sollten auch alle Kräuter möglichst frisch verwendet werden, und dann immer nur die jungen, zarten Blätter. Um stets in diesen Genuß zu kommen, haben wir uns ja unseren Blumentopfgarten angelegt. Aber was tun, wenn die kleinen Pflänzchen so üppig werden, daß man gar nicht alle zarten Blätter gleich verbrauchen kann? Wie kann man den Segen am besten bewahren?

Alles über den richtigen Zeitpunkt der Ernte und über die beste Konservierungsart erfahren Sie in der Enzyklopädie. Grundsätzlich werden zum Trocknen und Einfrieren Stiele und Blätter kurz vor der Blüte der Pflanze geerntet, da die Blätter dann den größten Anteil an ätherischen Ölen enthalten. Und zwar am besten morgens nach dem Verdunsten des Taus. Später am Tag wird durch die Sonnenwärme ein Teil der Öle freigsetzt, die Pflanze hat nicht mehr die höchste Würzkraft und verliert beim Trocknen oder Einfrieren noch mehr.

Einjährige Kräuter werden kurz über der Erde abgeschnitten, so daß noch einige Blätter stehenbleiben. Bohnenkraut, Kerbel oder Majoran (von dem etwa 5 cm stehenbleiben sollten) z. B. treiben dann erneut aus und erlauben im frühen Herbst eine zweite Ernte. Von den mehrjährigen Sträuchern nimmt man die Triebspitzen. Dadurch wird der Strauch kräftiger, verzweigt sich mehr.

Trocknen in Bündeln

Kräuter in Bündeln an einem luftigen, schattigen Ort aufgehängt: Das ist die einfachste Art des Trocknens und auch die älteste, was nicht bedeutet, daß es auch die beste ist. Langsam trocknende Kräuter verlieren langsam, aber sicher mehr Würzkraft. Deshalb sollten nur stark aromatische Kräuter wie z. B. Bohnenkraut, Majoran, Rosmarin oder Salbei auf diese Art konserviert werden.

Manche Gewächse vertragen die Trockenkur überhaupt nicht, wie z. B. Borretsch. Andere gewinnen sogar an Geschmack, wie Estragon und Thymian, aber das Aroma verändert sich auch. Kochen mit frischen und mit getrockneten Kräutern, das sind zwei verschiedene Dinge. Frische Minze schmeckt an Salat oder Quark, und es läßt sich eine hervorragende Sauce daraus machen – getrocknet taugt sie eigentlich nur noch für Tee. Saftige Salbeiblättchen geben Fleisch und Fisch (Aal!) ein köstliches Aroma – im getrockneten Zustand sind sie nur in kleinen Dosen erträglich. Grüne Petersilie frisch gehackt ist unentbehrlich an vielen Speisen – trockene Krümel dienen allenfalls als Dekoration auf gekochten Kartoffeln.

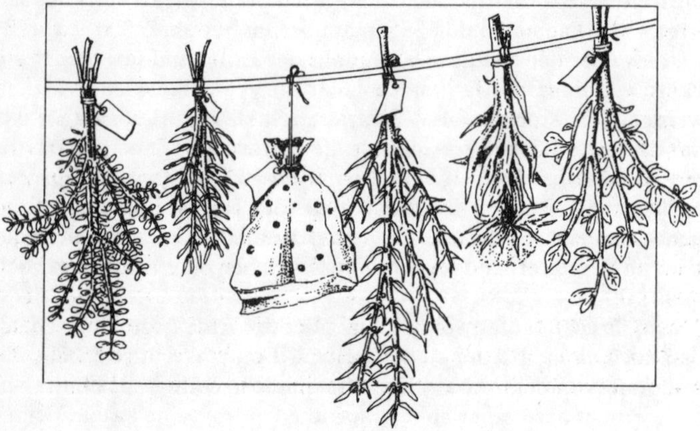

Das alles will bedacht sein, bevor man darangeht, sich einen Trokkenvorrat anzulegen! Die dafür ausgesuchten Kräuterstengel werden – nur dann vorsichtig abgewaschen, wenn sie schmutzig, erdig oder staubig sind, leicht mit Küchenkrepp trockengetupft – mit einer Schnur zusammmengebunden und aufgehängt. Dabei wollen sie Platz haben und viel frische Luft. So mögen es alle Kräuter nicht, wenn sie an einer Wand trocknen müssen. Die einfachste Möglichkeit ist eine quer durch den Raum (Balkon) gespannte Schnur, an der die Kräuter kopfüber baumeln. Denken Sie an ein Etikett mit der Angabe des Erntedatums und der Art des Krautes. Getrocknet sehen sich alle ähnlich und können leicht verwechselt werden.

Praktisch ist es, die Kräuterbündel vor dem Aufhängen in vielfach durchlöcherte Papiertüten zu stecken. Dann verstauben sie nicht, und auch direkte Sonneneinstrahlung hat keinen aromatötenden Effekt.

Nach zwei bis drei Wochen sind die Blätter trocken und brüchig. Stecken sie in Tüten, hört man das daran, daß Teile herabfallen. Das Laub wird vorsichtig abgestreift, die Stengel werden (auf den Kompost) weggeworfen und die Gewürze sofort in verschließbare Gefäße gefüllt. Getrocknete Kräuter sollen dunkel aufbewahrt werden und nie in der Nähe des Herdes, denn zu große Wärmeentwicklung wirkt sich negativ aus. Sehr gut geeignet sind als Vorratsgefäße z. B. die kleinen braunen Apothekergläser, Blechdöschen oder gut ausgewaschene Tabaksdosen.

In den ersten zwei Wochen sollten Sie noch darauf achten, daß sich in den Behältern keine Feuchtigkeit sammelt. Das kann passieren, wenn die Kräuter noch nicht ganz trocken waren. Dann müssen die Blätter noch einmal, auf Küchentüchern ausgebreitet, zwei bis drei Tage nachgetrocknet werden. Gehen Sie beim Abstreifen der trockenen Blätter sehr vorsichtig an die Arbeit. Je größer diese Blätter sind, um so länger bleiben sie aromatisch. Gönnen Sie Ihrem Vorrat also Platz. Zum Würzen werden die trockenen Stücke dann im Mörser kleingestoßen oder durch ein grobes Sieb gedrückt, damit sie ihr volles Aroma erst in den Speisen wieder entfalten.

Trocknen auf Horden

Kräuterhorden können Sie leicht selbst anfertigen. Dazu braucht man nur einen Rahmen aus Leisten, der mit grobmaschigem Stoff, Mull oder Musselin bespannt wird. Horden können platzsparend übereinandergestapelt werden. Zur besseren Belüftung werden die einzelnen Rahmen mit Klötzen voneinander getrennt. Geeignet sind außerdem Fliegenfenster, die man jedoch in unseren Breiten nur mit Mühe findet (man kann sie sich aber leicht selbst herstellen: Fliegengaze auf einen Holzrahmen genagelt).

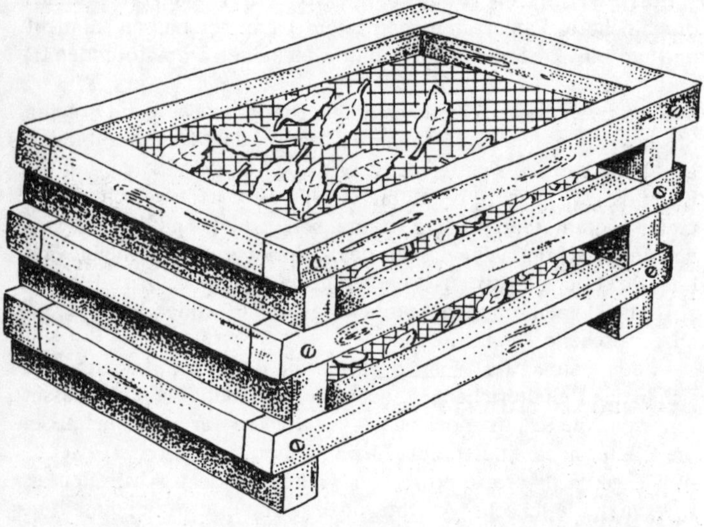

Diese Horden sollten vorzugsweise zum Konservieren von langsamer trocknenden Blättern wie Liebstöckel und Basilikum, für große, dicke Blätter wie Lorbeer oder Zitrone und für das Trocknen von Früchten und Dolden wie Anis, Dill, Koriander und Kümmel verwendet werden. Auch Pflanzen, die sich schlecht bündeln lassen, trocknen auf Horden schonender, wie z. B. Thymian und Dill.

Die Blätter, bei kleinblättrigen Arten ganze Triebe, werden einzeln auf die Bespannung gelegt, so daß sie sich nicht berühren. Je nach Art der Pflanze dauert das Trocknen bis zu vier Wochen, auf einem warmen Dachboden verkürzt sich die Dauer je nach Klima.

Zum Trocknen von Körnern und Samen sind Horden ebenfalls geeignet. Die Fruchtstände werden darauf ausgebreitet und eine Woche vorgetrocknet, dann lassen sich die Körner aus den Hülsen reiben. Rückstände von Laub entfernt man, indem man die Horden in einem leichten Windzug – ein offenes Fenster reicht – schüttelt. Oder man bläst in das Häufchen hinein, so daß die leichteren Teile wegfliegen. Danach müssen die Früchte noch zehn bis vierzehn Tage auf den Horden getrocknet werden, bis sie in luftdicht verschließbaren Behältern aufbewahrt werden können.

Trocknen im Herd

Beschleunigt werden kann der Trocknungsvorgang im Küchenherd. Dazu legt man die Kräuter auf ein Backblech oder einen bespannten Rost auf die unterste Schiene des Backofens und erwärmt diesen auf 30 bis höchstens 50 Grad Celsius. Während des Trocknens muß die Ofentür zur Hälfte geöffnet bleiben, damit Feuchtigkeit entweichen kann.

Verwendung getrockneter Kräuter

Nehmen Sie grundsätzlich lieber zuerst etwas weniger, und würzen Sie dann nochmals nach. Getrocknete Kräuter haben, gemessen an ihrem Volumen, mehr Würzkraft als frische, auch wenn sie einen Teil der ätherischen Öle verloren haben.

2 Teelöffel frischer Kräuter entsprechen etwa $^1/_2$ Teelöffel grob zerdrückter getrockneter und sogar nur $^1/_4$ Teelöffel feinkrümeliger Kräuter. Frische Kräuter werden zum großen Teil erst kurz vor Ende der Garzeit zu den Gerichten gegeben, die meisten getrockneten brauchen mindestens zehn Minuten, um ihren vollen Geschmack zu entfalten.

Eine spezielle Trockenkräutermischung sind die »Herbes de Provence«. Sie bestehen aus Thymian, Basilikum, Fenchel, Bohnenkraut und Lavendelblüten. Mit dieser Mischung sollten Sie vor allem Grillgerichte, aber auch Lammbraten, Pizzas und Fischsuppen abschmecken. Gewürzt wird auch hier erst im letzten Drittel der Garzeit, dann werden die Trockenkräuter in der Handfläche zerrieben und über das Gericht gestreut.

Tiefgefrieren von Kräutern

Getrockneter Schnittlauch sieht aus wie Heu – und er schmeckt auch so. Ähnlich verhält es sich mit den beiden anderen klassischen Salatkräutern Dill und Petersilie. Wer Farbe, Duft und Frische seiner Sommerkräuter für Quark, Saucen und Suppen erhalten will, der schickt sie in den Kälteschlaf.

Wie für Gemüse und Obst gilt auch für Würzpflanzen das Tiefgefrieren als die schonendste Art des Konservierens. Gefrostetes kommt Frischem sehr nahe, sieht man einmal davon ab, daß die Blätter von z. B. Basilikum oder Schnittsellerie an Knackigkeit verlieren.

Verwenden und dosieren kann man die »Eiskräuter« genauso wie ihre gerade erst geschnittenen Kollegen, vorausgesetzt, sie werden in bedarfsgerechten Portionen dem Kälteschock übergeben.

Drei Methoden sind besonders geeignet, Frischwürze einzufrieren:

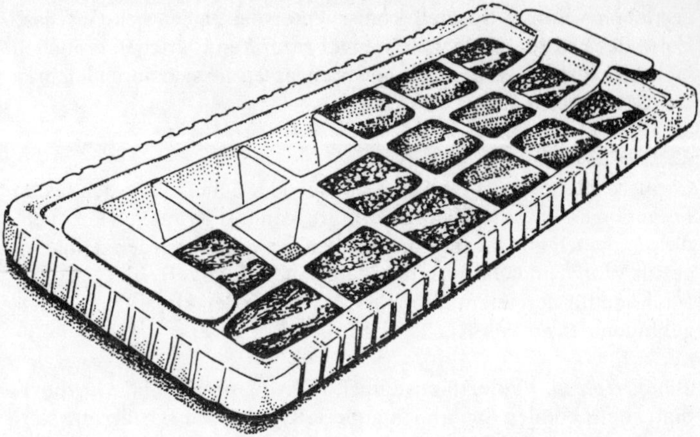

Kräuterwürfel

Feingehackte Kräuter werden in Eiswürfelbehälter gefüllt, leicht zusammengedrückt und mit etwas Wasser als »Bindemittel« begossen. So werden sie vorgefroren. Wenn die Würfel fest sind, löst man sie aus dem Behälter, packt sie fest in Alufolie – Beschriftung nicht vergessen – und kann sie so platzsparend im Gefrierschrank unterbringen.

Zweckmäßig ist es, nicht nur Schnittlauch- bzw. Dill- oder Petersilienwürfel etc. herzustellen, sondern die Kräuter gleich ihrem Verwendungszweck entsprechend zu mischen. In heiße Suppen oder Saucen werden die grünen Eiswürfel gleich unaufgetaut hineingegeben. Daß sie nicht lange mitkochen dürfen, versteht sich von selbst. Salat- und Quarkkräuter werden in einem kleinen Sieb aufgetaut, so daß die überschüssige Flüssigkeit gleich ablaufen kann.

Kräuterpäckchen

Gehackte Kräuter kann man trocken in kleine Gefrierbeutel füllen. Dabei darauf achten, daß man sie flach nebeneinander schichtet, dann die Luft aus dem Beutel drückt und sie anschließend liegend einfriert. So kann man von der entstandenen Platte portionsweise Stücke abbrechen, die zum Gebrauch leicht zwischen den Fingern zerrieben werden. Speziell krause Petersilie eignet sich für diese Form des Frostens. Die vom Stengel gezupften Blättchen brauchen nicht gehackt zu werden. Eingefroren lassen sie sich durch leichten Druck zerbrechen.

Kräuter in Folie
Größere Blätter, z. B. von Liebstöckel oder Sellerie, werden fest in Folie eingeschlagen. Ebenso verfährt man mit Kräutersträußchen, die dann auch im Ganzen zum Kochen verwendet werden. Dillstengel als Würze und Garnitur für gedünsteten Fisch z. B. Ideal ist diese Methode für den unentbehrlichen Vorrat an den klassischen Würzgebinden der großen Küche:

Bouquet garni: 3 Petersilienstengel, 1 Thymianzweig und 1 Lorbeerblatt; dem können auch noch andere Kräuter wie Basilikum, Kerbel, Estragon oder Bohnenkraut zugemischt werden.

Fines herbes: mit Petersilie, Schnittlauch, Kerbel und Estragon.

Vielleicht haben Sie aber Ihre eigene Vorstellung von Kräutermischungen für Fischgerichte, Braten, Suppen und Eintöpfe. In der Gefriertruhe haben Sie stets Ihre spezielle Zusammenstellung aus eigener Zucht zur Hand. Gut, daß Sie nur die nötige Portion herausnehmen müssen, denn aufgetaute Kräuter können nicht wieder eingefroren werden. Sie schmecken dann flach und aromalos. – Und denken Sie an das Etikett mit Inhalt und Fülldatum!

Konservierung in Salz

Diese Art der Konservierung ist für empfindliche Kräuter geeignet, besonders dann, wenn keine Tiefkühltruhe vorhanden ist. Die Zweige oder Blätter werden in ein Gefäß mit reichlich Salz geschichtet. So bleiben sie für etwa zwei bis drei Monate frisch. Die Kräuter können nach Bedarf entnommen werden. Dabei muß dann darauf geachtet werden, daß immer Salz über dem verbleibenden Grünzeug bleibt. Die Salzkruste einfach abwaschen, dann können die Kräuter wie frisches Grün verwendet werden.

Eine weitere Möglichkeit, Würzkraft und Frische der Kräuter zu erhalten, ist, sie in Essig oder Öl einzulegen. Sie geben dann allerdings ihr Aroma an die Flüssigkeit ab, die nun zum Würzen von Salaten und Saucen verwendet wird (Rezepte für Kräuteressig und Öl siehe Seite 151ff.).

Kräuter-Potpourris

Vor zwanzig Jahren noch hatte meine Großmutter ein Glas im Wohnzimmer stehen, das sie ab und zu für kurze Zeit öffnete. Dann entströmte daraus ein zarter Duft von Blüten und Kräutern. Im Zeitalter der Luftverbesserer aus der Spraydose ist dieser alte Brauch leider fast in Vergessenheit geraten. Jedoch kommen Duftkissen, die früher in jedem Wäscheschrank zu finden waren, weil sie die scheußlichen Mottenkugeln überflüssig machten und für »Aprilfrische« sorgten, in Form von zierlichen Stoffpüppchen wieder in Mode. Ebenso begehrt sind neuerdings Trockenblumensträuße als dauerhafte Dekoration. Was liegt näher, als beides zu verbinden und aus dem, was in unserem Nutzgarten so üppig gedeiht, duftspendenden Zimmerschmuck herzustellen?

Die Blätter fast jeder süß duftenden Pflanze können getrocknet für Duftkissen oder Sträuße, für Bouquets, Girlanden und Kränze verwendet werden: Thymian, Rosmarin, Zitronenmelisse, Basilikum, Estragon, Majoran. Neben den Kräutern brauchen wir Blüten wie die altbekannten Lavendelblüten und die zierlichen blauen Borretschblüten. Auch Rosen sind nicht nur sehr einfach zu trocknen, sie behalten auch ihre Schönheit und ihren Duft für längere Zeit, besonders die »alten Züchtungen« wie die Centifolie, die Damaszener Rose und die Französische Rose. Auch die Rosen-Pelargonie sollte nicht vergessen werden. Fast alle Blüten, die sich durch ihren Duft hervortun, eignen sich.

Stellen Sie sich Ihr persönliches Potpourri zusammen. Denken Sie dabei auch an die Farbzusammenstellung, natürlich erst an zweiter Stelle, der Duft ist die Hauptsache. Für Duftkissen ist die Farbe sowieso unwichtig, bei Potpourris für schöne Gläser oder Flaschen sollte man um so mehr darauf achten.

Zur besseren Konservierung des Duftes muß ein Fixativ zugesetzt werden, das in Apotheken und Drogerien erhältlich ist. Dabei ist die gemahlene Veilchenwurzel die bekannteste; sie wird aus den Wurzelstöcken der Florentiner Schwertlilie hergestellt. Ein Eßlöffel dieses Fixativs sollte auf jeweils 500 ccm Blüten und Blätter gestreut werden.

Geben Sie die getrockneten Blüten und Blätter in eine große Schüssel, und mischen Sie alles gut durch. Prüfen Sie Geruch und Farbzusammenstellung des Potpourris. Dann erst streuen Sie das Fixativ darüber und mischen nochmals gut durch. Die Mischung wird locker in fest verschließbaren Gläsern aufbewahrt, so locker, daß sich der Inhalt beim Schütteln noch vermischen kann. Sechs Wochen dauert es, bis Sie das Potpourri in Schmuckgläser oder Duftkissen füllen können. Während dieser Zeit sollten Sie die Mischung alle zwei Tage ordentlich schütteln, ohne sie dabei zu öffnen.

Für Duftkissen gegen Motten können Sie aromatischere, stärker duftende Kräuter mit trocknen, z. B. Wermut, Kampfer-Beifuß oder Rainfarn, aber auch Rosmarin, Thymian und Lavendel schrekken die Motten vor dem Genuß Ihrer Kleidungsstücke ab. Für ein solches Mottenkissen reicht schon ein Leinentaschentuch, in das Sie eine halbe Handvoll dieser Mischung geben. Die Enden des Tuches werden über Kreuz zusammengeknotet und dann einfach an einen Kleiderbügel gehängt. Etwa alle zwei bis drei Monate werden die Mottenkissen erneuert.

Schlafen Sie schlecht? Dann sollten Sie sich ein kleines Duftkissen anfertigen, in das Sie eine Mischung aus getrockneten Kräutern wie Melisse und Minze, Salbei, Kamille, Thymian und Lavendel sowie etwas Quendel, Hopfen und Baldrian locker einnähen. Legen Sie sich das Kissen ins Bett, nah an den Kopf, es erwärmt sich und gibt geringe Mengen der ätherischen Öle frei, die Sie dann einatmen. Auch bei leichten Erkrankungen der Atemwege verhilft ein solches Kissen zu ruhigerem Schlaf. Nebenwirkungen sind nicht zu befürchten – es könnte höchstens sein, daß sie irgendwann »süchtig« nach Ihrem Kissen werden. Dann sollten Sie die Kräuter alle vier bis fünf Monate auswechseln, damit Sie sich wieder in frischem Duft aalen können.

Bei der Auswahl der Kräuter und Blüten für trockene Kränze, Girlanden und Bouquets spielen Farbe und Form die größte Rolle – und doch ist es oft verwunderlich, wie lange ein Sträußchen seinen seltsamen, feinen Duft verströmt.

Beim Binden und Stecken ist Vorsicht geboten, denn die dürren Stengel brechen leicht. Als Hilfsmittel dienen dünner Draht und Bast. Auch darf man Steckmoos, Spezialknetmasse oder Styropor als Unterlage verwenden, niemals aber scharfen Klebstoff, der die Struktur der Pflanzen zerstört und besagten feinen Duft zunichte macht. Klebstoff – wenn nötig – ist Bienenwachs. Man kann damit sogar wunderschöne Blütenbilder zaubern: geschmolzenes Wachs in eine Glasschale oder Aluminium-Blechform gießen, einen Faden als Aufhänger gleich mit hineinlegen. Dann die Blütenköpfe, die man sich vorher zurechtgelegt hat, in die weiche Masse drücken. Wachs erstarren lassen. Zum Herauslösen des Bildes wird die Form kurz in heißes Wasser getaucht, fertig!

Dekorative Ergänzung zu dem, was mein kleiner Balkongarten an Trockenkräutern bietet, zweige ich aus Schnittblumensträußen, Rosen, Schleierkraut, Disteln usw. ab oder hole es aus der Natur – Gräser, Schafgarbe, Fruchtdolden von Bärenklau, Tannen- und Lärchenzapfen, etc. Auch das Gewürzbord hat exotisch duftenden Schmuck zu bieten – Zimtstangen, Sternanis, Vanilleschoten, die jeweils mit Draht im Gebinde befestigt werden.

Gewürzsträußchen haben eine alte Tradition als Glücksbringer. Früher erhielt die Braut zur Hochzeit ein Bouquet mit vielen frischen Kräutern – Rosmarin als Symbol für Treue, Majoran für Glück, Thymian für Tapferkeit, Salbei für die Unsterblichkeit. Natürlich fehlte dabei auch die Myrte nicht, die seit dem 16. Jahrhundert als Brautschmuck bekannt ist und ein Zeichen der Jungfräulichkeit darstellte – ob die Myrte aus diesem Grund heute auf der Hochzeitstafel meistens fehlt?

Kräuterkosmetik

Selbst passionierte Blumentopfgärtnerinnen wissen oder beachten nicht, daß sie sich mit ihrer Nutzplantage auf Fensterbrett oder Balkon den Grundstock ihrer eigenen Schönheitsmittelproduktion angepflanzt haben.

Mit wenigen weiteren Zusätzen, die es in jeder Apotheke zu kaufen gibt, lassen sich aus Kräutern pflegende und sogar heilsam wirkende Kosmetika einfach herstellen.

Die Vorteile gegenüber gekauften Cremes und Lotionen, Ölen und Badezusätzen sind so schlicht wie überzeugend: Kosmetik aus dem Kräutergarten ist preiswert, frei von chemischen Konservierungs-, Duft- und Farbstoffen, biologisch einwandfrei und deshalb so wirkungsvoll. Sie wissen, was drin ist, und Sie lassen nur das an Ihre Haut und an Ihr Haar, was Sie »vom Samen an« kennen. So geben Ihre selbstgezogenen Kräuter die liebevolle Pflege, die Sie ihnen haben angedeihen lassen, dankbar zurück.

In den folgenden Rezepten sind die Mengenangaben auf getrocknete Kräuter bezogen, damit Sie das, was Sie nicht zur Hand haben, durch – stets in Apotheke oder Reformhaus – gekaufte Kräuter ersetzen können. Wollen Sie die frische Ernte aus Ihrem Garten verwenden, rechnen Sie einfach die doppelte Menge.

Kräutertonikum

Für jede Haut. Wirkt kräftigend, entfettend, zieht die Poren zusammen.

25 g Salbei
15 g Rosmarin, evtl. mit Blüten
5 g Stiefmütterchen
10 g Fenchelsamen
150 ml 95prozentiger Alkohol
300 ml Wein- oder Obstessig
200 ml Orangenblüten- oder Rosenwasser
200 ml destilliertes Wasser

Salbei, Rosmarin und Stiefmütterchen sehr fein schneiden, Fenchel im Mörser zerstoßen. Alles in einem Glasgefäß mit so viel Alkohol übergießen, daß alle Zutaten bedeckt sind. Eine Nacht abgedeckt ziehen lassen. Den Essig untermischen und nochmals einen Tag ziehen lassen. Dann den restlichen Alkohol, das Orangenblüten- oder Rosenwasser sowie das destillierte Wasser untermischen.
5 bis 6 Stunden ziehen lassen und filtern, die Kräuter auspressen.
In eine verschließbare Flasche füllen und kühl aufbewahren. Am besten, Sie füllen eine kleine Menge des Kräutertonikums für den täglichen Gebrauch ab.

Kräuter-Essig-Wasser

Besonders erfrischend für fettige, großporige, unreine Haut.

1 Handvoll Lavendelblüten
1 Handvoll Rosmarin
1 Handvoll Salbei
10 Gewürznelken
500 ml Wein- oder Obstessig
300 ml Rosenwasser

Lavendel, Rosmarin und Salbei zerreiben, Nelken im Mörser zerstoßen, alles gut mischen. Mit Essig übergießen und luftdicht abgedeckt in der Sonne 2 Wochen ziehen lassen, zwischendurch einige Male schütteln. In eine Flasche oder Karaffe filtern, die Kräuter dabei gut auspressen. Mit Rosenwasser aufgießen und gut verschlossen kühl aufbewahren.

Lavendelgeist

Wirkt erfrischend und belebend, gegen große Poren bei fettiger, unreiner und schlaffer Haut.

50 g Lavendelblüten
500 ml 90prozentiger Alkohol
125 ml destilliertes Wasser

Lavendelblüten in einer Karaffe mit Alkohol übergießen, gut verschlossen 4 Wochen ziehen lassen. Danach abfiltern, die Blüten auspressen und die Flüssigkeit mit destilliertem Wasser auffüllen. Gut verschlossen aufbewahren.

Thymiancreme

Für fettige, unreine Haut, erfrischend, antiseptisch.

7 g Bienenwachs
4 g Walrat
2 g Cetylalkohol
20 g süßes Mandelöl
10 g Thymianöl
10 g Weizenkeimöl
3 EL Thymian
30 ml Wasser
1/2 g Borax

Wachs, Walrat und Cetylalkohol im Wasserbad schmelzen, die Öle hinzufügen und so lange weiterrühren, bis die Masse klar ist. Thymian mit heißem Wasser übergießen, 10 Minuten ziehen lassen. Borax darin auflösen. Die noch warme Flüssigkeit unter die Fettmischung rühren und mit dem elektrischen Handmixer weiterrühren, bis die Masse kalt ist. Vor dem Umfüllen noch mal kurz umrühren.

Kräuter für die Augen

Gegen geschwollene Lider und gerötete, gereizte, ermüdete Augen helfen Augenkompressen aus einem Abguß von je 1 Teelöffel Lavendelblüten, Rosmarin, zerstoßenen Anis- und Fenchelsamen sowie Augentrost. Diese Kräuter mit einer Tasse kochendem Wasser übergießen und 5 Minuten ziehen lassen. Die lauwarmen Kompressen 10 bis 15 Minuten auf die Augen einwirken lassen.

Kräuteröl

Selbstgemachtes Kräuteröl können Sie als Hautreinigungsmittel, als Schutzöl und für die allgemeine Körperpflege benutzen. Die Wirkungen der einzelnen Kräuter finden Sie auch im Kapitel über Gesichtsbäder und Kompressen. Das folgende Rezept ist sehr einfach:

750 g reines Pflanzenöl (Apotheke oder Drogerie) oder hochwertiges, kaltgepreßtes Olivenöl
100 g Kräuter (mit Blüten) – nur getrocknet! Frische Kräuter können faulen!

Das Pflanzenöl auf ca. 60 Grad erwärmen. Kräuter feinhacken, in eine Glasschale oder Flasche mit großem Durchmesser geben und das Öl noch warm darübergießen. Etwa 2 Wochen lang ziehen lassen, dabei täglich mindestens einmal umrühren. Durch einen Kaffeefilter gießen und die Kräuter auspressen. Die Wirksamkeit erhöht sich, wenn Sie noch einmal neue Kräuter zusetzen und nochmals 1 Woche ziehen lassen. Gut verschlossen, dunkel und kühl aufbewahren.

Kräuter für Gesichtsdampfbäder und Kompressen

Das *Dampfbad* ist für Ihre Haut eine Generalreinigung, die Sie besonders der Gesichtshaut von Zeit zu Zeit gönnen sollten. Abgestorbene, vorhornte Hautzellen werden ganz weich und können schonend entfernt werden, die Poren werden wieder »porentief sauber«. Nach dem Kräuterdampfbad wird die Haut mit einer erfrischenden Lotion abgerieben, vielleicht legen Sie auch gleich eine Gesichtsmaske auf – Ihre Haut ist dafür jetzt richtig vorbereitet.

1 Handvoll Kräuter werden mit kochendem Wasser übergossen.

Dann beugt man das Gesicht über die Schüssel und legt ein Handtuch über den Kopf, damit kein Dampf entweichen kann. Bei trokkener Haut sollte das Bad nur etwa 3 Minuten dauern, bei fetter Haut sind bis zu 10 Minuten angebracht.

Kompressen sind eine schonende Hilfe bei müder Haut. Sie fördern die Durchblutung, reinigen und erfrischen den Teint, wenn man z. B. nach einem stressigen, grauen Bürotag wieder glatt und rosig aussehen möchte.

2 Handvoll getrocknete Kräuter mit 1 Liter kochendem Wasser übergießen und 10 Minuten ziehen lassen. Ein Tuch in dem abgeseihten Aufguß tränken und auf das vorher gereinigte Gesicht legen. Dabei sollte man bei fetter Haut die Kompressen so heiß wie möglich auflegen und nach 5 Minuten mit einer kalten Wasserkompresse auswechseln, nach Möglichkeit zwei- bis dreimal wiederholen. Trockene und empfindliche Haut sollten Sie nur mit warmen Kompressen behandeln, damit ihr die nötige Feuchtigkeit gegeben und nicht entzogen wird.

Versuchen Sie, sich während der Kompressen völlig zu entspannen und ruhig zu atmen. Autogenes Training für den, der es kann, ist jetzt genau richtig. Dann ist nach der Kompresse nicht nur das Gesicht fit, sondern auch Körper und Geist.

Und so wirken die Kräuter:

Borretsch enthält ätherische Öle und Gerbstoffe, ist schweißtreibend. Als Dampfbad und Kompresse für müde, schlecht durchblutete Haut.

Fenchel enthält ätherische und fette Öle sowie Eiweiß. Als Dampfbad glättend bei trockener Haut, außerdem hustenlösend (siehe auch »Arzneikasten«).

Kamille enthält ätherisches Öl, Harz, Fett und organische Säuren. Als Dampfbad und Kompresse für jede Haut, sehr schonend auch für trockene Haut, wirkt entzündungshemmend, reinigend, beruhigend.

Für Kompressen ist eine Mischung aus Kamille, Rosmarin, Salbei und Lindenblüten eine belebende Erfrischung für jeden Hauttyp.
Kresse enthält Jod, Eisen und Mineralstoffe. Als Kompresse gegen Mitesser und verstopfte Poren.
Melisse oder Zitronenmelisse enthält Mineralsalze und Gerbstoff. Als Dampfbad und Kompresse erfrischend bei müder Haut, auch gegen Migräne.
Minze oder Pfefferminze enthält Öle, Menthol-, Gerb- und Bitterstoffe. Als Dampfbad und Kompresse für fettige Haut, wirkt durchblutungsfördernd und gefäßerweiternd.
Salbei enthält ätherische Öle, Kampfer, Gerbstoff, Eiweiß und Stärke. Als Dampfbad reinigend und adstringierend bei fettiger, unreiner Haut. Als Kompresse gemischt mit Kamille und Zinnkraut, belebend und erfrischend.
Thymian enthält Thymol, Saponine, Bitter- und Gerbstoffe. Als Dampfbad und Kompresse stark antiseptisch, wirkt reinigend und regulierend auf die Talgdrüsen bei unreiner Haut.

Kräuter für die Haare: Kräuteröl-Packungen

Bereits brüchigem Haar oder angegriffenem Haar mit gespaltenen Spitzen helfen sicher keine Packungen mehr auf die Sprünge. Da hilft zuerst nur ein Radikalschnitt, so leid das manchem auch tun mag.

Haare brauchen ständige Pflege, genauso wie die Haut. Da nützt es nur wenig, wenn man alle zwei Monate einmal seinem Haar etwas Gutes tun will. Das können sich nur die leisten, die von Natur aus gesundes, kräftiges Haar haben. Aber auch das gesunde Haar ist bei den heutigen Umwelteinflüssen – Zentralheizung, verqualmte Räume, Abgase – für eine Sonderration Pflege dankbar. Durchschnittlich braucht das Haar alle vierzehn Tage oder vor jeder zweiten, mindestens vor jeder dritten Haarwäsche eine besondere Kur. Kommen Dauerwelle und/oder Färbung dazu, wurde ein Urlaub am sonnigen Meeresstrand verbracht, dann sollten Sie vor jeder Haarwäsche eine Feuchtigkeitskur machen.

Die käuflichen Haarkuren enthalten neben den pflegenden Stoffen noch eine Menge Chemie, was nicht heißen soll, daß sie durchweg schlecht sind – aber sie sind teuer. Als Kräutergärtner haben Sie es da leicht. Kaltgepreßtes Olivenöl steht sicher in Ihrer Küche, es nimmt die pflegenden Stoffe der Kräuter stärker auf als Rizinusöl, das Sie preiswert in jeder Apotheke oder Drogerie erhalten und das auch ohne Zusätze schon eine pflegende Wirkung hat.

Als Kräuterzusatz eignen sich nicht nur Zinnkraut, Brennessel, Kleeblüten und Birkenblätter, die die Natur gratis liefert – aus Ihrem Garten direkt aufs Haar können z. B. Rosmarin, Kresse und Kamille.

Etwa 1 Handvoll getrockneter Kräuter mit 1 Tasse Olivenöl vermischen und 1 Woche lang gut verschlossen kühl und dunkel aufbewahren. Schneller geht es, wenn Sie das Öl mit den Kräutern im Wasserbad erhitzen und 15 bis 20 Minuten darin ziehen lassen. Dann wird das Öl herausgepreßt. Die Kräuter haben sich so vollgesogen, daß es ganz schön Kraft kostet, jeden Tropfen des wertvollen Öls herauszupressen. Das fertige Öl hält sich kühl gestellt 4 bis 6 Wochen, Sie können also durchaus auf Vorrat arbeiten.

Die Menge Öl, die Sie für eine Kur brauchen, wird vor der Anwendung im Wasserbad leicht erwärmt. Dabei können Sie 1 Eßlöffel Honig zufügen, der dem Haar noch mehr Mineralien und Vitamine bringt (außerdem läßt sich das Öl hinterher leichter auswaschen), oder einen Eidotter, der Lezithin und Cholesterin in hohem Maße enthält. Dann wird das Öl auf das Haar, hauptsächlich auf die Haarspitzen verteilt. Nur bei sehr trockener Kopfhaut kann es auch in die Haut einmassiert werden. Hüllen Sie Ihren Kopf in ein Handtuch, und lassen Sie die Packung 1 Stunde – je länger, desto besser – einwirken.

Danach waschen Sie die Haare mit einem schonenden Shampoo und spülen mit einer selbstgemachten Kräuterspülung.

Kräuterspülungen

Handelsübliche Kräuterspülungen sind teuer und bringen nicht immer den gewünschten Erfolg. Versuchen Sie es einmal mit Kräutertees, die in Haar und Kopfhaut einmassiert werden, z. B. ein Aufguß von Thymian und Rosmarin. Thymian hat eine desinfizierende, reinigende Wirkung auf die Kopfhaut, Rosmarin erweitert die Poren und beeinflußt dadurch die Absonderung der Talgdrüsen.

Aber auch andere Kräuter wie Huflattich und Zinnkraut sind hilfreich. Huflattich hilft mit seinem Schwefelgehalt, die Aktivität der Talgdrüsen zu verringern, und Zinnkraut wirkt heilend und beruhigend auf angegriffende Kopfhaut.

Und natürlich Kamille. Ein Kamillenaufguß macht das Haar seidig und glänzend und hellt blondes Haar auf. Fast wie eine Blondierung wirkt ein Aufguß von 150 g Kamillenblüten auf 200 ml Wasser mit dem Saft einer halben Zitrone. Wenn Sie mit dieser Spülung die Haare in der Sonne trocknen lassen, verstärken Sie die aufhellende Wirkung weiter.

Für normale Spülungen reicht 1 Eßlöffel getrockneter Kräuter auf 1 Tasse Wasser. Die Kräuter werden mit kochendem Wasser überbrüht. Nach dem Abkühlen wird der Tee gefiltert und sanft in Haar und Kopfhaut massiert. Die Spülung kann man im Haar lassen, sie braucht nicht ausgewaschen zu werden. Bei sehr fettiger Kopfhaut und fettigen Haaren sollte man dem Tee den Saft einer halben Zitrone beifügen.

Kräuter für das Bad

Warum parfümieren Sie Ihr Bad nicht einmal mit Kräutern? Das hat neben dem duftenden Effekt auch eine wohltuende, erfrischende Wirkung auf Haut und Gesundheit.

Die Kräuter werden einfach in ein Leinensäckchen gefüllt und ins Badewasser gehängt. Wirkungsvoller sind sie, wenn man sie vorher abkocht und 30 bis 45 Minuten ziehen läßt. Diesen Sud geben Sie dann in das vorbereitete Badewasser.

Pfefferminzbad

3 Handvoll Pfefferminze
2 Handvoll Rosmarin

Den Sud mit dem Saft von 3 Zitronen mischen und ins Badewasser gießen. Dieses Bad erfrischt, reinigt die Poren und belebt den Kreislauf.

Rosmarinbad

3 bis 4 Handvoll Rosmarin

Wenn Sie den Duft weiter verstärken wollen, fügen Sie dem Sud noch einige Tropfen Rosmarinöl zu, bevor Sie ihn ins Badewaser geben. Rosmarin regt den Kreislauf an und erfrischt nicht nur am Morgen, sondern auch für eine lange Partynacht.

Salbeibad

2 Handvoll Salbeiblätter
1 Handvoll Kamillenblüten

Salbei hilft bei unreiner und müder Haut.

Kräuterbad mit Kampfer

2 Handvoll Rosmarin
2 Handvoll Pfefferminze oder Minzeblätter
2 Handvoll Thymian

Dem Abguß noch 2 Eßlöffel Kampferspiritus zufügen. Dieses Bad ist eine wirkungsvolle Unterstützung bei der Pflege schlecht durchbluteter, unreiner Haut.

Schönheitsbad

$^1/_2$ Handvoll Lavendel
$^1/_2$ Handvoll Salbei

Mischen Sie Kräuter nach Ihrer Wahl. Je $^1/_2$ Handvoll Lavendel, Salbei, Kamille,

Rosmarin, Minze (Pfefferminze), Fenchel, vielleicht haben Sie auch Lindenblüten und Heublumen – alles zusammen ergibt eine wirksame Mischung zur Belebung und Reinigung der Haut sowie zur Anregung des Kreislaufs.

1/2 Handvoll Kamille
1/2 Handvoll Rosmarin
1/2 Handvoll Minze (Pfefferminze)
1/2 Handvoll Fenchel
Lindenblüten
Heublumen

Kräuterseife

Weiße Badeseife erhält durch Kräuterzusätze aromatischen Duft und erfrischende, reinigende Wirkung. Für eine halbweiche Kräuterseife brauchen Sie etwa 60 g getrocknete Blätter von Rosmarin, Basilikum, Minze oder Thymian. Die Kräuter in etwa 300 ml Wasser aufkochen und 1/2 Stunde abgedeckt ziehen lassen. Den Aufguß filtern, die Blätter auspressen. Dabei können auch etwas Zitronensaft, Kampfer oder Kräuteröl zugegeben werden.
In diesen Sud schneiden Sie nun etwa 80g weiße, möglichst nicht zu stark parfümierte Badeseife (Babyseife). Unter ständigem Rühren im Wasserbad erhitzen, bis die Seife völlig geschmolzen ist. In ein Gefäß füllen und nicht abdecken, bis die Seife völlig erkaltet ist.

60 g getrocknete Blätter (Rosmarin, Basilikum, Minze oder Thymian)
300 ml Wasser
Zitronensaft
Kampfer
Kräuteröl
80 g nicht zu stark parfümierte Badeseife (Babyseife)

Arznei im Balkonkasten

Es gibt viele dicke und umfassende Bücher über die Heilkraft der verschiedenen Pflanzen und Kräuter sowie ihre Anwendung. Auch wenn Sie Ihren kleinen Garten in erster Linie für den Genuß, zum Kochen und Würzen angelegt haben, tun Sie damit schon eine

Menge für Ihre Gesundheit. Mit dem Aroma gelangen auch die vorbeugenden und heilenden Wirkstoffe in den Organismus, ganz nach dem heilkundigen Grundsatz: »Laßt unsere Nahrung Heilmittel und unsere Heilmittel Nahrung sein.« (Vincenz Prießnitz, 1799 bis 1851, Landwirt und einer der Begründer der neuzeitlichen Naturheilkunde.)

Die kleine Tabelle gibt Ihnen Aufschluß über die Wirkung der Kräuter. Außerdem sind einige wenige Rezepturen zusammengestellt, die Sie daran erinnern mögen, daß in Ihrem Blumentopfgärtlein manches Kraut gegen die kleinen und größeren Unpäßlichkeiten des Alltags wächst.

Melissengeist

4 Handvoll Melissenblätter
30 g abgeriebene Zitronenschale
2 TL Muskatnuß
1 TL Zimt
1 TL gemahlene Nelken
500 ml Wasser
750 ml 90prozentiger Alkohol

Melissenblätter und Gewürze in Wasser aufkochen. Die abgekühlte Flüssigkeit mit Alkohol übergießen und abgedeckt 4 Wochen an einem warmen Ort oder in der Sonne ziehen lassen. Filtern. Zum Einnehmen bei Kopfschmerzen, Übelkeit, Schlafstörungen und Menstruationsbeschwerden mit Tee oder Wasser verdünnen.

Rosmarinwein

2 Handvoll Rosmarin
1 l trockener Weißwein

Rosmarin in Wein 4 bis 5 Tage ziehen lassen, mehrmals schütteln. Durch einen Filter gießen und bei Herzbeschwerden, Kreislaufstörungen und Wassersucht, bei Blutarmut und Appetitlosigkeit täglich ein bis zwei Likörgläschen davon trinken.

Salbei-Malaga

100 g Salbei
1 l Malaga

Salbei im Wein 1 Woche ziehen lassen, abgießen. Ein Likörglas davon vor jeder Mahlzeit gegen Appetitlosigkeit und Magenbeschwerden.

Salbeiwein

1 Handvoll Salbei
1 l herber Weißwein

Salbei in Wein 5 Tage ziehen lassen, abseihen. Bei Erkältung und Grippe ein Likörglas morgens und abends trinken.

Kräutertinkturen

Kräutertinkturen können Sie in jeder Apotheke kaufen, sie selbst zu machen ist jedoch sehr einfach und viel billiger. Die Tinkturen können äußerlich und innerlich (mit Vorsicht) angewandt werden.

Zum Einnehmen die Tinkturen stets verdünnen, da die Wirkstoffe der jeweiligen Heilpflanze hoch konzentriert sind.

Sie brauchen dazu:

100 g Kräuter (mit Blüten)
350 ml destilliertes Wasser
500 ml 95prozentigen Alkohol

Die Kräuter sehr fein schneiden und in einer Schale aus Porzellan oder Glas mit dem auf ca. 70 Grad erhitzten Wasser übergießen. 24 Stunden ziehen lassen, ab und zu umrühren. Dann den Alkohol zugeben und weitere 7 bis 10 Tage abgedeckt stehenlassen, zwischendurch mehrmals umrühren. Die Flüssigkeit abgießen und die Kräuter gut ausdrücken, evtl. noch einmal durch einen Kaffeefilter abgießen.

Die Herstellung von *Kräuterölen* wurde schon im Kapitel Kosmetik aus Kräutern abgehandelt. Sie haben aber durchaus nicht nur pflegende Wirkung. Es lohnt sich, einige Heilöle anzusetzen.

Dillöl (aus reifen, zerstoßenen Samen und etwas trockenem Kraut) hilft eingenommen gegen Magenschmerzen; auf Stirn und Schläfen massiert, gegen Migräne und Kopfschmerzen.

Pfefferminzöl wirkt auf Wunden gerieben kühlend und schmerzlindernd. Bei Erkältung befreit es die Atemwege.

Lavendelöl lindert Rheuma- und Kopfschmerzen.

Majoran wird bei Verletzungen und Verstauchungen angewandt.

Kleine Tabelle der Heilkraft von Würzkräutern

Anis – magenstärkend und krampflösend gegen Blähungs- und Verdauungsbeschwerden

Basilikum – krampfstillend und beruhigend bei Migräne und Nervosität, als (verdünnte) Tinktur für Mundbäder

Beifuß – menstruationsregulierend, stärkend

Bohnenkraut – magenberuhigend, gegen Verdauungsstörungen und Durchfall

Borretsch – entwässernd, schweiß- und harntreibend, Brei von frischen Pflanzen bei Brandwunden und Gicht

Dill – verdauungsfördernd, blähungstreibend, entwässernd

Estragon – verdauungsfördernd, Breiumschläge bei Zahnschmerzen und Rheuma

Fenchel – verdauungsfördernd, Tee bei Husten schleimlösend und beruhigend

Kerbel – entwässernd, harntreibend, frischen Saft für die »Frühjahrskur«

Knoblauch – blutdrucksenkend, harntreibend, innerlich antiseptisch, frisch zerstoßen gegen Hühneraugen

Koriander – appetitanregend, blähungstreibend

Lavendel – antiseptisch, wundheilend, krampflösend, Inhalation bei Grippe, Angina, Bronchitis

Liebstöckel – entwässernd, verdauungsfördernd

Majoran – nervenberuhigend, stimulierend, Aufguß als Gurgelwasser gegen Mundkrankheiten

Melisse – krampflösend bei Menstruationsbeschwerden, verdauungsfördernd, nervenberuhigend, Breiumschläge bei Wunden, Quetschungen, Insektenstichen

Minze – schmerzlindernd, krampflösend, magenstärkend, als Gurgelwasser gegen unreinen Atem

Oregano – magenstärkend, krampflösend, Breiauflagen bei Akne

Petersilie – entwässernd, menstruationsregulierend, gegen Kreislaufstörungen, Breiumschläge bei Insektenstichen

Pimpernell – adstringierend, wundheilend, gegen Durchfall

Rosmarin – harntreibend, gallebildend, belebend, gut bei Leberleiden, Tinktur bei Husten und Asthma

Salbei – stärkend, blutzuckersenkend, adstringierend, wundheilend, Tinktur äußerlich gegen Schmerzen, als »Allheilmittel« gepriesen

Sellerie – (Blätter) harntreibend, magenstärkend, Absud als Haarspülung gegen Schuppen

Thymian – verdauungsfördernd, krampfstillend, gallebildend, Breiumschläge bei Rheuma, Tee bzw. verdünnte Tinktur bei Husten

Ysop – hustenlösend, magenstärkend, stimulierend, blähungstreibend, wundheilend

Kräuterrezepte

Essig und Öl
Butter
Senf
Saucen
Eingelegtes, Gelee

Suppen
Vorspeisen, Beilagen
Hauptgerichte
Süßspeisen und Getränke

ESSIG UND ÖL

In jeden Salat gehören Kräuter, in fast jeden Essig und Öl. Für Kräuteressig und -öl wird im Delikatessengeschäft gleich ein ganz schöner Batzen mehr berechnet, was angesichts des Aufhebens, das Spitzenköche um ihren ganz besonderen Estragonessig machen, berechtigt erscheint.

Da Sie ja jetzt Ihre eigenen Kräuter haben, können Sie sich den Luxus leisten und sich Ihren Estragon-, Dill- oder Kräuteressig selbst machen. Das gleiche gilt für Öl. Außerdem haben diese dann noch ihre ganz persönliche Note und sind mit Fertigprodukten nicht zu vergleichen.

Essig

Das einzige, was Sie kaufen müssen, ist der Essig selbst. Besorgen Sie sich möglichst farblosen Weißwein- oder Obstessig in guter Qualität. Besser wird der Essig durch die Zugabe von Gewürzen nicht, lediglich der Geschmack verändert sich. Und schlechten Essig kann man mit den besten Zutaten nicht zur Schlemmerzutat machen.

Essig mit Gewürzzweigen schmeckt nicht nur besser, er sieht auch schöner aus. Was halten Sie z. B. von einem Geschenk mit selbstgezogenen Kräutern in Essig und Öl eingelegt? In schöne Flaschen oder Karaffen gefüllt, ganz einfach in Klarsichtfolie verpackt und dazu noch ein frisches Kräutersträußlein anstelle von Schnittblumen.

Hier nun einige Rezepte. Die Zutaten sind jeweils für 0,7 Liter Essig berechnet. Der Essig nimmt innerhalb von 2 bis 3 Wochen den Geschmack der Kräuter an, dann sollten die Zweige entfernt werden. Schneller geht es, wenn der Essig vorher erhitzt (nicht aufgekocht!) wird und dann über gestoßene Kräuter und andere Zutaten gegossen wird. Nach 10 Tagen den Essig durch ein Sieb gießen und zur Dekoration evtl. einige frische Zweige oder Blüten in die Flasche geben.

Basilikumessig

3 Zweige Basilikum
1 Chilischote
20 schwarze Pfefferkörner
Es gibt Basilikumsorten mit purpurroten Blättern, die den Essig ebenfalls schön rot färben.

Dillessig

einige frische Dill-Fruchtdolden
3 Wacholderbeeren
20 Senfkörner
1 getrocknete Chilischote (für den, der es etwas schärfer mag)

Estragonessig

1 Zweig Estragon
1 Zweig Zitronenmelisse
1 Zweig Pimpinelle
Als Alternative:
5 Zweige Estragon
20 weiße Pfefferkörner
3 Pimentkörner
1 Lorbeerblatt
1 kleine Schalotte oder Zwiebel

Estragon-Kräuter-Essig

6 Zweige Estragon
1 Zweig Thymian
1 Zweig Minze
1 Zweig Dill
2 Salbeiblätter
etwas frischer Liebstöckel und Bohnenkraut

Melissenessig

1 Zweig Estragon
1 Zweig Pimpinelle
1 Zweig Melisse

Minzessig

3 Zweige Minze
20 schwarze Pfefferkörner
2 zerschnittene Schalotten
3 geviertelte Knoblauchzehen

Petersilienessig

6 bis 8 Petersilienzweige
1 Zweig Liebstöckel
2 Zweige Zitronenmelisse
20 schwarze Pfefferkörner
20 weiße Pfefferkörner
1 zerkleinerte Schalotte

Rosmarin-Knoblauch-Essig

2 Zweige Rosmarin
3 geviertelte Knoblauchzehen
einige Chilischoten

Salbeiessig

6 bis 8 Salbeiblätter oder einige Zweige
2 Zweige Zitronenmelisse
8 Wacholderbeeren
20 weiße Pfefferkörner

Thymianessig

3 Zweige Thymian
3 geviertelte Knoblauchzehen
10 weiße Pfefferkörner

Zitronenessig

3 Zweige Zitronenmelisse
20 schwarze Pfefferkörner
3 Pimentkörner
Schale von 1 ungespritzten Zitrone (spiralförmig dünn abgeschält, die Schlange ganz in die Flasche geben)

Kräuteressig

1 Zweig Majoran
1 Zweig Estragon
2 Zweige Thymian
2 bis 3 Zweige Zitronenmelisse
2 Lorbeerblätter
20 Pfefferkörner
1 Schalotte
2 Knoblauchzehen

ÖL

Beim Öl verhält es sich ähnlich wie beim Essig. Verwenden Sie nur bestes kaltgepreßtes Olivenöl; Distel- oder Traubenkernöl sind ein guter Ersatz. Die Zutaten müssen nach etwa 2 Wochen herausgenommen werden. Würzöl hält sich, kühl gestellt, 3 bis 4 Monate. Bei Öl ist es besser, wenn Sie getrocknete Zweige verwenden, da frische Kräuter leicht schlecht werden können.

Thymianöl

1 großer oder 2 kleine Thymianstengel
2 Knoblauchzehen

Kräuteröl

1 Zweig Rosmarin
1 Zweig Thymian
1 kleiner Zweig Salbei
1 Zweig Tripmadam

Minzwürzöl

3 Zweige Minze
1 Zweig Thymian
1 Zweig Rosmarin
(eignet sich besonders für die Zubereitung von Lamm, Krautsalat und zu Schinkengerichten)

Rosmarinöl

3 Zweige Rosmarin
5 geviertelte Knoblauchzehen

Pikantes Kräuteröl

1 kleine rote Peperoni
1 TL Curry
1 TL Paprika
1 Zweig Dill
1 Zweig Rosmarin
1 Zweig Thymian

Schnittlauchöl

1 Handvoll frischer Schnittlauch
2 Zweige frische Petersilie
Schnittlauchöl nur 3 bis 4 Tage ziehen lassen, dann die Zutaten herausnehmen. Dunkel und kühl aufbewahrt hält sich dieses Öl 6 bis 8 Wochen.

Butter

Knoblauchbutter und Kräuterbutter kennt jeder.

Wie wär's einmal mit Estragonbutter zu gebratenem Fleisch, Basilikumbutter fürs Tomatenbrot, Minzbutter zu Lamm oder Kalbsteaks, Schnittlauchbutter auf geröstetem Bauernbrot usw. usw.

Der Phantasie sind keine Grenzen gesetzt.

Grundsätzlich rechnet man 4 bis 5 Eßlöffel feingehackter frischer Kräuter pro 100 g Butter oder 2 Eßlöffel getrockneter Kräuter, die allerdings längst nicht so hübsch aussehen.

Mit Knoblauch sollten Sie etwas vorsichtiger sein.

Kräuter und Gewürze in die auf Zimmertemperatur erwärmte Butter rühren, mit Salz und weißem Pfeffer aus der Mühle, etwas Zitronensaft oder wenig abgeriebener Zitronenschale abschmekken.

Senf

Betrachtet man die vielen verschiedenen Senfsorten, die in jedem halbwegs sortierten Supermarkt angeboten werden, erscheint es überflüssig, ans Selbermachen zu gehen. Wie für Essig und Öl gilt aber, daß sie mit dem, was Ihr Gärtchen liefert, aus Ihrem Senf eine exklusive Spezialität zaubern können.

Senf besteht im Grunde nur aus fünf Zutaten: Senfkörner, Salz, Zucker, Essig und Wasser. Gelbe Senfkörner gibt es überall im Handel zu kaufen. Wesentlich schärfer als die gelben sind die schwarzen Senfkörner, nach denen man leider manchmal lange suchen muß. Senf nur aus schwarzen Senfkörnern wird zu scharf, tauschen Sie etwa ein Zehntel der gelben Senfkörner mit schwarzen aus, dann wird Ihr Senf schon mittelscharf bis scharf. Für sehr scharfen Senf erhöhen Sie die Menge der schwarzen Pfefferkörner bis auf 50 Prozent.

Der Essig soll 5 Prozent Säure enthalten. Enthält er 6 Prozent Säure, sollten Sie 20 Prozent weniger Essig, dafür 20 Prozent mehr Wasser nehmen.

Hier das Grundrezept für mittelscharfen Senf:	Das Grundrezept für scharfen Senf:
50 g Senfkörner *30 ml 5prozentiger Weinessig* *40 ml Wasser* *1 TL Salz* *2 TL Zucker*	*25 g gelbe Senfkörner* *25 g schwarze Senfkörner* *30 ml 5prozentiger Weinessig* *40 ml Wasser* *1 TL Salz* *2 TL Zucker*

Wie fein bzw. wie grob Sie die Senfkörner mahlen, bleibt Ihnen überlassen. Für süßen Senf können Sie ruhig etwas gröberen Schrot verwenden, dagegen sollten Sie bei anderen Senfsorten darauf achten, daß die Senfkörner zu sehr feinem Mehl gemahlen werden.

Die Körner werden im Mörser zerstoßen, in einer Getreide- oder einfach in einer (gründlich gesäuberten) Kaffeemühle gemahlen. Beim Verwenden einer elektrischen Mühle müssen Sie darauf achten, daß das Mahlgut nicht zu heiß wird. Schon bei geringer Wärme verflüchtigt sich ein Teil des Aromas. Schalten Sie die Maschine öfter einmal ab, und lassen Sie alles abkühlen.

Auch die weiteren Zutaten, ob getrocknete oder frische Kräuter, Gewürze wie Zwiebeln und Knoblauch, müssen sehr fein geschnitten oder gehackt werden, so daß fast ein Mus entsteht.

Je nach der Quantität der zusätzlichen trockenen Zutaten für den Senf, z. B. Pfefferkörner, Koriander- oder Wacholderbeeren, muß die Wassermenge leicht erhöht werden. Der Senf ist nach dem Vermischen aller Zutaten noch dickflüssig. Das ändert sich nach kurzer Zeit, denn das Senfmehl quillt weiter, auch wenn Sie sich beim Mischen Zeit gelassen haben – je länger Sie die Zutaten im Mixer oder mit einem elektrischen Handrührer mischen, um so besser wird der Senf.

Bis zur vollen Entfaltung des Aromas braucht die Senfmischung etwa 24 Stunden.

Kräutersenf

50 g gelbe Senfkörner
30 g 5prozentiger Weinessig
45 g Wasser
1 TL Salz
2 TL Zucker
3 schwarze Pfefferkörner
1 Pimentkorn
1 bis 2 Korianderkörner
1 Wacholderbeere
1 kleines Stück Lorbeerblatt
1 Prise Cayennepfeffer
1 Prise Kurkuma
1 kleines Stück Zwiebel
1 Zweig frischer Estragon
1 Zweig Thymian
einige Rosmarinnadeln

Vom Grundrezept ausgehend gibt es viele Variationsmöglichkeiten. Zum Beispiel mit je 1 Zweig Estragon, Liebstökkel, Zitronenmelisse, evtl. etwas Dill, dazu je 1 Prise Curry und Muskatnuß.
Vielleicht mögen Sie lieber Thymiansenf, dann geben Sie einige Pfefferkörner, etwas Piment, ein Stück Lorbeerblatt, 2 Knoblauchzehen und reichlich frischen Thymian zu.
Sie haben einfachen Senf gekauft? Verfeinern Sie ihn! Für Estragonsenf geben Sie reichlich feingehackten Estragon, 1 Prise Salz und 1 Prise Zucker sowie etwas Zwiebel zu und lassen die Mischung 3 bis 4 Tage im Kühlschrank durchziehen.
Einige grüne Pfefferkörner und etwas Piment machen den Senf noch geschmackvoller.
Mittelscharfen Senf verwandeln Sie mit einer frischen Peperoni- oder Chilischote, etwas Lorbeerblatt und Rosenpaprikapulver in einen scharfen Peperonisenf.
Für Knoblauchsenf fügen Sie 3 bis 4 Knoblauchzehen, etwas Zwiebel, ein Viertel Lorbeerblatt sowie etwas Piment und Koriander hinzu.
Geben Sie ruhig Ihren Senf dazu! Als Gastgeschenk vielleicht für eine Einladung zur Grillparty ist es ein ausgefallenes und, in ein schönes Gefäß verpackt, ein sehr originelles Geschenk.

Grüne Sauce

Eier hartkochen, Eigelb fein zerdrücken und Eiweiß fein hacken. Öl, Sahne und Essig nach und nach unterrühren, mit Senf, Pfeffer, Salz und etwas Zucker würzen. Knoblauchzehen pressen, Zwiebeln feinwürfeln, unterheben. Dann die Kräuter waschen und feinhacken. Untermischen. Einige Stunden kühl gestellt ziehen lassen.
Schmeckt zu gekochtem Fisch und Fleisch, hartgekochten Eiern und Pellkartoffeln.

3 Eier
125 ml Olivenöl
200 ml Crème fraîche
3 EL Schlagsahne
3 EL Estragonessig
1 TL Estragonsenf
weißer Pfeffer aus der Mühle
Salz
1 Prise Zucker
2 Knoblauchzehen
2 Zwiebeln
je 1 Handvoll Petersilie, Schnittlauch, Dill und Kerbel
je 1/2 Handvoll Basilikum, Borretsch, Estragon, Liebstöckel, Pimpinelle, Salbei und Zitronenmelisse

Kräutermayonnaise

2 Eigelb
Salz
$^1/_8$ l kaltgepreßtes Olivenöl
1 EL heißes Wasser
1 EL Zitronensaft
1 Knoblauchzehe
1 Tasse Kräuter (wie Petersilie, Dill, Schnittlauch, Estragon, Basilikum, Kresse oder Minze)

Die Eigelb mit 1 Prise Salz in einer Rührschüssel schaumig schlagen, dann noch etwa 1 Teelöffel Salz zugeben. Das Öl zunächst Tropfen für Tropfen, dann in dünnem Strahl zugießen, ständig rühren. Wasser und Zitronensaft mischen und ebenfalls gut unterrühren. Knoblauchzehe pressen, die Kräuter sehr fein hacken und alles unterheben.
Die Kräutermayonnaise schmeckt sehr gut zu gekochtem Schinken und kaltem Braten sowie zu grünen Salaten, kalten Eiergerichten und auch zu Fisch.

Basilikumsauce/Pesto

3 Handvoll Basilikumblätter
4 Knoblauchzehen
5 EL Pinienkerne
50 g Schafskäse
weißer Pfeffer aus der Mühle
Salz
100 ml Olivenöl
50 g frisch geriebener Parmesan

Basilikumblätter von den Stengeln lösen und grobhacken, zusammen mit den Knoblauchzehen, Pinienkernen und dem Schafskäse in einem Mörser zu einer Paste zerstoßen. Mit Pfeffer und Salz würzen, dann das Öl tropfenweise unter ständigem Rühren zugeben. Zuletzt den Parmesan untermischen.
Diese Sauce schmeckt zu Teigwaren jeglicher Art. Sie hält sich im Kühlschrank einige Tage, läßt sich auch tiefgefrieren.

Estragonsauce

4 Handvoll frischer Estragon

Estragon im Mörser zerreiben, Schalotten sehr fein hacken. Mit Essig, Wein und

dem Lorbeerblatt aufkochen und dabei um ein Drittel reduzieren, mit Pfeffer und Salz abschmecken.
Die Eigelb schaumig schlagen und unter ständigem Rühren im Wasserbad erwärmen, die Kräutermischung dabei nach und nach zugeben.
Zuletzt die erwärmte Butter untermischen.
Nochmals abschmecken und sofort servieren.

2 kleine Schalotten
6 EL Estragonessig
6 EL trockener Weißwein
1 Lorbeerblatt
Pfeffer aus der Mühle
Salz
3 Eigelb
150 g Butter

Kerbelsauce

Rinderbrühe mit der Crème fraîche aufkochen. Zitronensaft, die feingehackten Schalotten und die Hälfte des feingewiegten Kerbels zugeben, 5 Minuten ziehen lassen. Durch ein Sieb streichen und kurz erhitzen. Vom Feuer nehmen und unter ständigem Rühren Butterflöckchen zugeben.
Vor dem Servieren den restlichen feingehackten Kerbel unterziehen.

200 ml kräftige Rinderbrühe
200 ml Crème fraîche
Saft von 1/2 Zitrone
2 gehackte Schalotten
3 Handvoll Kerbel
25 g Butter

Minzesauce

Minze mit Zucker und etwas Salz in einem Mörser zerreiben. Essig und Zitronensaft zugeben und gut vermischen. Mit kochendem Wasser auffüllen und abkühlen lassen.
Schmeckt hervorragend zu Lamm und Hammel.

2 Handvoll Minzeblätter
1 TL Zucker
1 Prise Salz
50 ml Weißweinessig
Saft von 1/2 Zitrone
50 ml Wasser

Petersiliensauce

3 hartgekochte Eier
3 bis 4 EL milder oder Kräutersenf
6 EL kaltgepreßtes Olivenöl
3 EL Weinessig
etwas Salz
2 Handvoll Petersilie
2 bis 3 Schalotten

Die Eigelb durch ein Sieb passieren, Eiweiß sehr fein hacken. Eigelb mit Senf, Olivenöl und Weinessig glattrühren und mit etwas Salz abschmecken. Petersilie und Schalotten grobhacken und mit dem Eiweiß unter die Sauce rühren.
Petersiliensauce schmeckt als Dressing für Rohkostspeisen, Reis- und Nudelsalate.

Petersilienmus

1 EL Semmelbrösel
3 EL Weinessig
2 hartgekochte Eier
2 Tassen frische Petersilie
4 Anchovisfilets
3 EL Walnüsse
1 TL Kapern
125 ml kaltgepreßtes Olivenöl
weißer Pfeffer aus der Mühle
Salz
evtl. noch etwas Essig

Semmelbrösel mit Essig verrühren und quellen lassen. Eier, Petersilie, Anchovisfilets, Walnüsse und Kapern sehr fein hacken oder pürieren. Mit den Semmelbröseln vermischen, mit Pfeffer, Salz würzen und die angegebene Menge Öl zugeben. Evtl. noch etwas Essig hinzufügen.
Petersilienmus schmeckt zu gebratenem Fisch, kaltem Braten oder Eiergerichten.

Rosmarinmarinade für Grillfleisch

3 EL Öl
3 EL Weinessig
2 TL Rosmarin
weißer Pfeffer aus der Mühle
Salz
3 Zwiebeln

Öl und Essig vermischen, Rosmarinnadeln im Mörser zerstoßen und mit Pfeffer und Salz sowie den feingewürfelten Zwiebeln unterrühren. Grillfleisch darin einige Stunden einlegen und während des Grillens mit der Marinade bepinseln.
Diese Marinade schmeckt auch sehr gut zu Hammelfleisch.

Rosmarinsauce

Alle Zutaten außer der Butter mit den zerstoßenen Rosmarinnadeln vermischen, aufkochen und 5 Minuten ziehen lassen. Durch ein Sieb streichen und nochmals erhitzen. Dann vom Feuer nehmen und die Butterstückchen unter ständigem Rühren zugeben.

200 ml Rinderbrühe
200 ml saure Sahne oder Crème fraîche
3 EL stark reduzierter Kalbsfond
2 TL Ingwersirup
1 TL Himbeeressig
1 Handvoll frische Rosmarinnadeln
25 g Butter

Schnittlauchsauce

Schnittlauch mit Rinderbrühe, Weißwein und den Gewürzen vermischen. Crème fraîche mit den durch ein Sieb gestrichenen Eigelb vermischen und unter die Sauce rühren.

2 Handvoll Schnittlauch
100 ml Rinderbrühe
5 EL trockener Weißwein
weißer Pfeffer aus der Mühle
Salz
etwas Muskatnuß
125 ml Crème fraîche
2 Eidotter

Schnittlauch-Sellerie-Sauce

Zwiebel und Sellerie feinhacken, Knoblauchzehe pressen. Butter in einer Pfanne erhitzen, alles darin andünsten. Sahne unterrühren und abschmecken. Das Ei verquirlen, die Sahnesauce nach und nach zugießen. Das Schnittlauch in kleine Röllchen schneiden und unterheben.
Die Sauce zu Roastbeef oder Eiergerichten reichen. Sie paßt auch zu gekochtem oder gedünstetem Fisch.

1 Zwiebel
2 Stangen Staudensellerie
1 Knoblauchzehe
50 g Butter
150 ml süße Sahne
1 TL weißer Pfeffer aus der Mühle
Salz
1 Ei
2 Handvoll Schnittlauch

Tomatensauce mit Basilikum

500 g Tomaten
1 Handvoll Basilikumblätter
2 Knoblauchzehen
1 Prise Zucker
Pfeffer aus der Mühle
Salz
50 ml kaltgepreßtes Olivenöl

Die Tomaten mit kochendem Wasser überbrühen und schälen, die Kerne entfernen und das Fleisch sehr fein hacken. Drei Viertel der Basilikumblätter ebenfalls sehr fein schneiden. Die Knoblauchzehe mit etwas Salz zerdrücken oder pressen. Alles gut vermischen und mit Zucker, Pfeffer und Salz abschmecken. Das Öl nach und nach unter ständigem Rühren zugeben und die Sauce einige Stunden ziehen lassen. Vor dem Servieren kurz erwärmen und die restlichen feingehackten Basilikumblätter darüberstreuen.

Ysopmayonnaise

2 Eigelb
1 TL Senf
2 EL Essig
weißer Pfeffer aus der Mühle
1 Prise Salz
250 ml kaltgepreßtes Olivenöl
3 Handvoll Ysopblätter

Eigelb mit Senf und etwas Essig glattrühren, mit Pfeffer und Salz würzen. Nach und nach unter ständigem Rühren Öl zugeben. Zuletzt den restlichen Essig unterrühren und reichlich frisch gehackte Ysopblätter unterziehen.

EINGELEGTES, GELEE

Marinierter Ziegenkäse

6 bis 8 Banons (französischer Ziegenkäse, meist in Weinblätter eingewickelt)
reichlich Bohnenkraut
einige Rosmarinnadeln

Die Käsestücke dick mit gerebeltem Bohnenkraut und Rosmarin einreiben und die Kräuter etwas festdrücken. Käse in ein großes Einmachglas oder einen

Steintopf schichten, Lorbeerblätter dazwischenlegen, mit Wein (möglichst Riesling) übergießen. Nach ca. 4 Wochen ist der Käse reif und schmeckt köstlich zu kräftigem Bauernbrot. Er hält sich ca. 3 Monate.

2 Lorbeerblätter
500 ml trockener Weißwein

Mixed Pickles

Wasser mit Kräuteressig, Zucker und Salz kräftig aufkochen. Salatgurke, Zwiebeln, Rettich und Radieschen in Scheiben schneiden. Alles abwechselnd in ein Glas schichten. Den heißen Sud darübergießen und einige Dillzweige hineinlegen. Über Nacht ziehen lassen. (Mit einer Sauce aus süßem Senf, etwas Zucker und feingehacktem Dill servieren.)

250 ml Wasser
150 ml Kräuteressig
1 EL Zucker
1 TL Salz
1 Salatgurke
2 Zwiebeln
1 Rettich
1 Bund Radieschen
Dillzweige

Eingelegte Paprikaschoten

Paprikaschoten vierteln, Kerne entfernen und in einen Topf schichten. Weißwein und Weinessig zu gleichen Teilen mischen, etwas Zitronensaft unterrühren und über die Paprika gießen. 10 Minuten kochen lassen. Die noch heißen Paprikaschoten mit reichlich Majoran und dünnen Knoblauchscheibchen in ein Glas schichten und mit so viel Olivenöl begießen, daß das Gemüse bedeckt ist. 3 Tage ziehen lassen. Hält sich kühl gestellt etwa 6 Wochen.

rote und gelbe Paprikaschoten
Weißwein
Weinessig
etwas Zitronensaft
Majoran
Knoblauch
kaltgepreßtes Olivenöl

Dillgurken

3 kg Salatgurken
1 EL Salz
2 l Wasser
1 l Weinessig
50 g Salz
400 g Zucker
Gurkeneinmachhilfe nach Vorschrift
4 Handvoll Dill
4 Dilldolden

Gurken waschen, in Scheiben schneiden und mit etwas Salz bestreuen. 20 Minuten ziehen lassen, dann den Saft abgießen. Wasser und Weinessig mit Salz und Zukker aufkochen, Einmachhilfe zugeben, nochmals aufkochen lassen. Gurken mit den Gewürzen in Gläser schichten und den noch heißen Sud übergießen. Gut verschließen und 4 Wochen lang kühl und dunkel ziehen lassen.

Apfelchutney mit Koriander

1 kg säuerliche Äpfel
500 g Zwiebeln
2 Knoblauchzehen
1 TL Pfefferkörner
2 TL Koriandersamen
2 EL Butter
250 ml herber Weißwein
2 EL Honig
2 EL Korianderblätter

Die geschälten, entkernten Äpfel und die Zwiebeln grobhacken. Knoblauchzehen zerdrücken. Mit den grob zerstoßenen Pfeffer- und Korianderkörnern in der erhitzten Butter 10 Minuten andünsten. Weißwein untermischen und 2 Stunden bei geringer Hitze zu Mus kochen. Dann den Honig unterrühren und mit grobgehackten Korianderblättern überstreuen. Schmeckt kalt zu Wild oder Rindfleisch.

Korianderchutney

250 ml fest zusammengedrücktes frisches Koriandergrün
6 Frühlingszwiebeln
2 frische grüne Chilis
1 Knoblauchzehe

Das Koriandergrün grobhacken, Frühlingszwiebeln in kleine Stücke schneiden, die Chilis entkernen und von den Stielen befreien. Alle Zutaten zusammenmischen und pürieren. In einer kleinen Schüssel abgedeckt kühl stellen und kalt servieren.

1 TL Salz
2 TL Zucker
1 TL Garam masala (indische Gewürzmischung)
80 ml frisch gepreßter Zitronensaft
2 EL Wasser

Kräutergelees

Kräutergelees werden auf der Basis von säuerlichen, noch nicht ganz reifen grünen Äpfeln hergestellt. 1 bis 2 Quitten verfeinern den Geschmack zusätzlich. Dann aromatisiert man diese Gelees mit jeweils 1 Handvoll frischer Kräuter. Je nach Geschmack z. B. mit Salbei, Thymian, Estragon (paßt zu Fisch und Huhn), Rosmarin (als Beilage zu Truthahn und Pute), Basilikum (zu Hacksteaks).

Die Äpfel in grobe Stücke schneiden und mit den kleingeschnittenen Quitten und den Kräutern mit etwas Wasser aufkochen und 20 Minuten bei geringer Hitze kochen lassen. Über Nacht in einem Leinentuch über eine Schüssel hängen und den Saft auffangen. Oder Sie geben die Äpfel und Quitten in den Entsafter, Sie sollten dabei etwa 500 ml Saft erhalten. Fruchtsaft mit den Kräutern aufkochen und den Saft der Zitrone beigeben und einige Minuten bei geringer Hitze kochen lassen. Dann die Kräuter absieben. Gelierzucker nach Anweisung zugeben und aufkochen lassen. Das Gelee sofort in Gläser füllen und evtl. noch einige Kräuterblätter zur Dekoration in das Glas geben.

500 g Äpfel
2 Quitten
Kräuter nach Geschmack
Saft von 1 Zitrone
Gelierzucker nach Anweisung

Gurkensuppe, kalt

2 Salatgurken
1 TL Kräutersalz
1 Handvoll Petersilie
1 Handvoll Dill
1 Handvoll Basilikum
1 Handvoll Borretsch
15 große Sauerampferblätter
1 Schalotte
3 Knoblauchzehen
800 ml Vollmilchjoghurt
200 ml saure Sahne oder Crème fraîche
1 Prise brauner Zucker
weißer Pfeffer aus der Mühle
Saft von 1/2 Zitrone
einige Dillzweige

Ein Drittel einer Gurke abschneiden und zum Garnieren zurückbehalten. Gurken schälen, Kerne ausschneiden und Gurkenfleisch kleinschneiden. Mit Salz überstreuen und 10 Minuten Saft ziehen lassen. Kräuter und Schalotte feinhacken, Knoblauchzehen zerdrücken. Alles zu den Gurken geben und pürieren. Joghurt und saure Sahne mischen, zufügen und alles noch mal sehr fein pürieren. Mit Zucker, Pfeffer evtl. noch etwas Salz sowie dem Zitronensaft abschmecken und kühl stellen. Mit Gurkenscheiben und Dillzweigen garniert kalt servieren.

Kartoffel-Kerbel-Suppe

1 l Gemüsebrühe
1 Lorbeerblatt
1 Thymianzweig
1 Handvoll Petersilie
3 Handvoll Kerbel
200 g Kartoffeln
30 g Schalotten
50 g Butter
weißer Pfeffer aus der Mühle
Salz
125 ml süße Sahne
2 Eigelb
etwas Muskatnuß
1 EL Zitronensaft
1 EL Worcestersauce

Die Gemüsebrühe mit Lorbeerblatt, Thymian und Petersilie aufkochen und dabei auf etwa die Hälfte reduzieren. Kerbelblätter feinhacken. Die Kartoffeln schälen, in kleine Würfel schneiden. Schalotten sehr fein würfeln. Die Hälfte des Kerbels, die Kartoffeln und die Schalotten in der erhitzten Butter andünsten. Gemüsebrühe sieben, die Kerbel-Kartoffel-Mischung damit ablöschen, 20 Minuten bei geringer Hitze kochen lassen, mit Pfeffer und Salz abschmecken. Dann die Suppe pürieren. Sahne mit den Eigelb verquirlen und in die etwas abgekühlte Suppe rühren. Mit frisch geriebenem Muskat, Zitronensaft und Worcestersauce abschmecken. Mit dem restlichen Kerbel bestreut servieren.

Kerbelsuppe

Die Butter schmelzen, das Mehl darin anschwitzen. Mit der Brühe ablöschen und 10 bis 15 Minuten schwach kochen lassen, Weißwein unterrühren. Dann den Kerbel zugeben, etwas zum Garnieren zurückbehalten, und weitere 10 Minuten bei geringer Hitze ziehen lassen. Saure Sahne unterheben, mit Pfeffer und Salz abschmecken. Brotwürfel in etwas Butter rösten, mit dem restlichen Kerbel vor dem Servieren über die Suppe streuen.

60 g Butter
30 g Mehl
600 ml Fleischbrühe
50 ml herber Weißwein
2 Handvoll feingehackter Kerbel
125 ml saure Sahne
Pfeffer aus der Mühle
Salz
Brotwürfel

Miesmuschelsuppe

Miesmuscheln unter fließendem Wasser sehr sauber bürsten. Tomaten mit kochendem Wasser überbrühen und schälen, dann vierteln und entkernen. Zwiebeln in Ringe, Paprika in feine Streifen schneiden. Die Muscheln mit dem Gemüse und den im Mörser grob zerriebenen Kräutern in der Brühe aufkochen, Olivenöl zufügen und bei geringer Hitze 20 Minuten kochen lassen. Mit Pfeffer und Salz abschmecken.

1 kg Miesmuscheln
500 g Tomaten
2 Zwiebeln
2 grüne Paprikaschoten
1 Handvoll Thymian
1 Handvoll Rosmarin
750 ml Hühnerbrühe
4 EL kaltgepreßtes Olivenöl
Pfeffer aus der Mühle
Salz

Radieschenblättersuppe

3 Schalotten
30 g Butter
100 ml trockener Weißwein
750 ml Hühnerbrühe
5 Handvoll junge, hellgrüne Radieschenblätter
125 ml Sahne
Pfeffer aus der Mühle
Salz

Schalotten feinhacken, in Butter andünsten. Mit Wein ablöschen und etwas einkochen lassen.
Geflügelbrühe auffüllen und auf etwa ein Drittel einkochen lassen.
Radieschenblätter im Mixer mit etwas Brühe pürieren, in die Weinsuppe geben und kurz aufkochen lassen.
Sahne unterziehen und mit Pfeffer und Salz abschmecken.

Tomatensuppe mit Majoran

1 kg reife Tomaten
2 Knoblauchzehen
2 Zwiebeln
je 1/2 Handvoll Basilikum, Thymian und Petersilie
2 EL kaltgepreßtes Olivenöl
1 1/2 l Gemüsebrühe
1 Lorbeerblatt
Salz
geröstete Brotwürfel
1 Handvoll Majoran

Die Tomaten vierteln und ohne Zusätze bei geringer Hitze weichdünsten, dann durch ein Sieb passieren.
Knoblauchzehe pressen oder mit etwas Salz zerdrücken, Zwiebeln und Kräuter feinhacken.
Olivenöl erhitzen, Kräuter, Zwiebeln und Knoblauch darin schwenken. Den Tomatensaft untermischen, erhitzen.
Die heiße Brühe und das Lorbeerblatt zugeben und 60 Minuten bei mittlerer Hitze kochen lassen. Mit Salz abschmekken.
Über Brotwürfeln und mit reichlich frisch gehacktem Majoran bestreut servieren.

Zucchinisuppe

Zucchini in kleine Würfel schneiden und in der Hühnerbrühe weichkochen. Pürieren. Apfelmus zufügen und mit Curry, Pfeffer und Salz abschmecken. Abkühlen lassen und mit reichlich gehacktem Basilikum bestreut servieren.

4 Zucchini
1 l Hühnerbrühe
4 bis 5 EL Apfelmus
Curry
Pfeffer aus der Mühle
Salz
reichlich Basilikum

Zucchinikaltschale

Zucchini feinwürfeln, mit der Hühnerbrühe im Mixer pürieren, Knoblauch zerdrücken, mit der Sahne unter die Zucchinibrühe mischen. Kalt servieren.

4 Zucchini
750 ml Hühnerbrühe
5 Knoblauchzehen
150 ml süße Sahne

Zwiebelsuppe mit Estragon

Zwiebeln schälen und in dünne Ringe schneiden. In der Butter goldgelb dünsten. Mit Wein und Wasser ablöschen. Die zerdrückten Knoblauchzehen und das Lorbeerblatt zugeben, mit Pfeffer und Salz abschmecken. Die Hälfte des im Mörser zerriebenen Estragons unterziehen und die Suppe bei geringer Hitze 15 Minuten kochen lassen. In Schalen gefüllt, mit je einer Scheibe Weißbrot und Käse belegt und mit dem restlichen Estragon bestreut im Grill überbacken und sofort heiß servieren.

500 g Zwiebeln
100 g Butter
500 ml herber Weißwein
500 ml Wasser
2 Knoblauchzehen
1 Lorbeerblatt
Pfeffer aus der Mühle
Salz
1 Handvoll frischer Estragon
4 Scheiben geröstetes Weißbrot
4 Scheiben Käse

Kräuterkäse

250 g Magerquark
200 g Schafskäse
3 EL Butter
2 EL Crème fraîche
3 Knoblauchzehen
2 Schalotten
1 Handvoll Petersilie
1 Handvoll Schnittlauch
2 EL Thymian
1 EL Basilikum
1 EL schwarzer Pfeffer
1 EL Rosenpaprika
Salz

Quark und Schafskäse durch ein Sieb streichen und mit Butter und Crème fraîche gut vermischen. Knoblauch zerdrükken, Schalotten und Kräuter feinhacken, den schwarzen Pfeffer im Mörser grob zerdrücken, alles unter die Käsemasse rühren und mit Paprika und Salz abschmecken.

Tomaten mit Kräuterkäsefüllung

4 große feste Tomaten
Kräutersalz
2 Schalotten
je 1 Handvoll Petersilie, Kresse, Borretsch, Schnittlauch, Sauerampfer
2 Knoblauchzehen
1/2 grüne Paprikaschote
250 g Hüttenkäse
etwas Tabasco
1 EL Obstessig (Kräuteressig)

Von den Tomaten einen kleinen Deckel abschneiden, aushöhlen. In die Tomaten etwas Kräutersalz streuen. Schalotten feinhacken, Kräuter grobhacken. Knoblauchzehen zerdrücken, die Paprikaschote in kleine Stücke schneiden. Hüttenkäse mit Schalotten, Kräutern und Knoblauch mischen, Paprika unterheben, mit Tabasco und Essig abschmecken und in die Tomaten gefüllt servieren.

Avocado mit Krabben und Kerbel

2 Avocados
Saft von 1/2 Zitrone
1 TL Honig
weißer Pfeffer aus der Mühle
Salz

Avocados halbieren, entkernen und das Fruchtfleisch mit einem Löffel auslösen. Mit Zitronensaft beträufeln und pürieren. Mit Honig, Pfeffer und Salz abschmecken. Einen Teil der Krabben unterheben und die Masse wieder in die Avocadohälften füllen. Die restlichen Krabben sowie die grobgehackten Kerbelblätter darüberstreuen.

150 g Krabben
1 Handvoll Kerbelblätter

Kräuteromelett

Eier mit Pfeffer und Salz schaumig schlagen, etwas Mineralwasser zugeben (macht das Omelett schön locker). Feingehackte Kräuter untermischen. Nacheinander etwa vier Omeletts backen, dabei darauf achten, daß die Oberseite nicht zu fest wird. Zur Hälfte zusammenklappen und sofort servieren, evtl. mit einigen frischen Kräuterzweigen garniert.

8 Eier
weißer Pfeffer aus der Mühle
Kräutersalz
etwas Mineralwasser
1 Handvoll Petersilie
1 Handvoll Kerbel
1 Handvoll Schnittlauch
3 EL Estragon

Bismarckheringe in Dill-Tomaten-Marinade

Heringe filieren und in mundgerechte Stücke schneiden. Tomatenketchup mit Sherry und dem Saft der Zitrone vermischen. Lauchzwiebeln feinwürfeln, Ysop und Dill feinhacken, Wacholderbeeren zerdrücken. Alles mit dem Ketchup vermischen und mit Pfeffer, Salz und Zucker abschmecken. Über die Heringe geben und einige Stunden ziehen lassen.

6 Bismarckheringe
5 EL Tomatenketchup
5 EL trockener Sherry
1 Zitrone
400 g Lauchzwiebeln
1 Handvoll Ysop
2 Handvoll Dill
10 Wacholderbeeren
schwarzer Pfeffer aus der Mühle
Salz
etwas Zucker

Geflügellebertoast

200 g Geflügelleber
40 g Butter
1 mittelgroße Zwiebel
2 Sardellenfilets
2 EL Tomatenmark
6 EL Weißwein
1 Knoblauchzehe
1 Handvoll Petersilie
einige frische Salbeiblätter
1 EL Parmesan
Pfeffer aus der Mühle
Salz
6 Scheiben Toastbrot

Leber in kleine Würfel schneiden, in Butter anbraten. Herausnehmen und feinhacken. Die Zwiebeln feinhacken, in der Leberbutter andünsten, Sardellenfilets zugeben und noch etwas ziehen lassen. Leber, Tomatenmark, Wein und die zerdrückte Knoblauchzehe unterrühren. 5 Minuten bei geringer Hitze dünsten, dann die feingehackten Kräuter und den geriebenen Parmesan unterheben. Mit Pfeffer und Salz abschmecken. Geröstetes Toastbrot mit der Mischung bestreichen und kurz im Grill überbacken. Sofort servieren.

Tzatziki – Gurkenjoghurt

1 Vollmilchjoghurt
250 ml Dickmilch
2 EL kaltgepreßtes Olivenöl
4 bis 5 Knoblauchzehen
50 g Schafskäse
Pfeffer aus der Mühle
Salz
1 Salatgurke
1 Handvoll Petersilie
1/2 Handvoll Dill
1/2 Handvoll Schnittlauch
einige Minzeblättchen
5 schwarze Oliven

Joghurt mit Dickmilch und Olivenöl vermischen. Knoblauchzehen zerdrücken und mit dem zerbröckelten Schafskäse zu der Joghurtmischung geben, mit Pfeffer und Salz abschmecken. Die Salatgurke schälen und feinhacken oder -raspeln, die Kräuter und die Oliven feinhacken, alles unter die Joghurtmischung heben und nochmals abschmecken.

Spinatsalat mit Schnittlauch

Spinat waschen und auf Küchenkrepp trocknen. Schalotten feinwürfeln, Schnittlauch in kleine Röllchen schneiden. Essig mit zerdrückten Knoblauchzehen und dem Senf mischen und mit Pfeffer, Salz und wenig Tabasco abschmekken. Über den gemischten Salat geben. Speck in kleine Würfel schneiden und in erhitztem Öl langsam ausbraten. Speckwürfel mit wenig Fett über den Salat geben, unterheben und sofort servieren.

250 g Spinat
2 Schalotten
1 Handvoll Schnittlauch
3 EL Weißweinessig
2 Knoblauchzehen
1 TL süßer Senf
Pfeffer aus der Mühle
Salz
etwas Tabasco
100 g durchwachsener Speck
2 EL kaltgepreßtes Olivenöl

Grüner Nudelsalat

Nudeln in reichlich Salzwasser 10 Minuten kochen, abgießen. Karotten in kleine Würfel schneiden, in heißem Salzwasser nicht zu weich kochen. Spargel schälen, in Stücke schneiden und in Wasser (mit etwas Butter und wenig Salz) weichkochen. Erbsen in Salzwasser weichkochen. (Sie können natürlich auch Dosengemüse nehmen.) Die abgekühlten Gemüse unter die Nudeln heben. Essig mit Salz, Zucker, Pfeffer, den gehackten Schalotten, den zerdrückten Knoblauchzehen, Kräutersenf, den gehackten Kräutern und Öl vermischen, über den Salat geben und gut vermengen. 1 Stunde ziehen lassen, dann noch einmal abschmecken.

250 g grüne Nudeln
Salz
250 g Karotten
250 g Spargel
200 g Erbsen
4 EL Weinessig
Salz
1 TL Zucker
Pfeffer aus der Mühle
2 Schalotten
2 Knoblauchzehen
2 EL Kräutersenf
1 Handvoll Dill
1 Handvoll Schnittlauch
1 Handvoll Petersilie
4 EL Öl

Gebackene Kräuter

Alle möglichen Kräuter eignen sich zum Ausbacken, z. B. Salbei, Borretsch, Petersilie und Portulak sowie viele andere Kräuter, sofern sie schöne Blätter haben. Gebackene Kräuter sind eine pikante Beilage zu vielen Gerichten, aber auch als Knabberei nebenbei zu Wein und Bier schmecken sie sehr gut.

Der Ausbackteig besteht aus:

125 g Mehl
1 Prise Salz
2 Eigelb
3 EL Olivenöl
125 ml Weißwein
2 Eiweiß

Mehl, Salz, Eigelb und Öl gut vermischen, den Weißwein nach und nach unterrühren. Der Teig muß sehr glatt sein. 1 Stunde ziehen lassen. Eiweiß zu Schnee schlagen und vor der Verwendung des Teigs unterziehen.
Die Kräuter durch den Ausbackteig ziehen und in siedendem Fett knusprig ausbacken. Auf Küchenkrepp abtropfen lassen und möglichst heiß servieren.

Basilikumkartoffeln

1 kg kleine Kartoffeln
3 EL kaltgepreßtes Olivenöl
75 g Butter
1 Handvoll Petersilie
3 Handvoll Basilikum
2 Knoblauchzehen
Pfeffer aus der Mühle
Salz

Kartoffeln waschen, nicht schälen. Olivenöl und 1 Eßlöffel der Butter in einer Pfanne erhitzen. Die Kartoffeln naß hineinlegen, abdecken und 30 Minuten goldbraun braten, gelegentlich wenden. In der Zwischenzeit die Kräuter feinhakken, die Knoblauchzehe pressen und alles mit der restlichen Butter, etwas Pfeffer und Salz vermischen. Diese Butter über die Kartoffeln streichen und kurz anschmelzen lassen, sofort servieren.

Borretschgemüse

500 g junge Borretschblätter
1 Zwiebel
50 g Butter
Pfeffer aus der Mühle
Salz
4 EL saure Sahne

Borretschblätter waschen, etwas zerkleinern und in wenig Salzwasser kurz abkochen. Dann die Blätter gut abtropfen lassen. Die Zwiebel feinwürfeln und in Butter andünsten; Borretschblätter zugeben und 15 Minuten schmoren. Mit wenig Pfeffer und Salz würzen.
Vor dem Servieren etwas saure Sahne oder Crème fraîche daraufgeben oder leicht unterziehen.

Weiße Bohnen mit Oregano

500 g weiße Bohnen
500 g Zwiebeln
2 Knoblauchzehen
3 EL kaltgepreßtes Olivenöl
500 g Tomaten
1 Staudensellerie
1 Handvoll Petersilie
1/2 Handvoll Oregano
Pfeffer aus der Mühle
Salz

Die Bohnen über Nacht in 2 Liter Wasser einweichen. Im Einweichwasser aufkochen und 1 Stunde bei mittlerer Hitze weiterkochen lassen.
Zwiebeln schälen und würfeln, Knoblauchzehe zerdrücken; beide Zutaten in Öl andünsten.
Tomaten überbrühen und die Haut abziehen, die Kerne sorgfältig entfernen und die Tomaten in kleine Stücke schneiden. Sellerie feinwürfeln. Tomaten, Sellerie und die Bohnen unter die Zwiebeln rühren, feingehackte Petersilie und Oregano unterrühren und 10 bis 15 Minuten dünsten.
Mit Salz und Pfeffer abschmecken.

Gemüsemais mit Kräutern

2 Zwiebeln
1 Knoblauchzehe
3 EL Butter
300 g Mais
500 g Gemüse, wie Mohrrüben, Lauch, Erbsen
Muskat
weißer Pfeffer aus der Mühle
etwas Kräutersalz
je 1 EL Rosmarin, Thymian, Basilikum, Oregano
Petersilie zum Garnieren

Zwiebeln feinhacken, Knoblauchzehe zerdrücken, in Butter glasig dünsten. Mais und das in kleine Stücke geschnittene Gemüse zugeben und mit etwas Wasser garen lassen. Mit Muskat, Pfeffer und Salz abschmecken. Die gehackten Kräuter untermischen und nochmals abschmecken. Mit gehackter Petersilie bestreut warm oder kalt servieren.

Portulakgemüse

300 g Portulak
2 EL Weißweinessig
1 Handvoll Petersilie
1 Knoblauchzehe
1 TL gehackte Korianderblätter
weißer Pfeffer aus der Mühle
Salz

Portulakblätter in wenig Salzwasser kurz aufkochen lassen. Essig mit der gehackten Petersilie, der zerdrückten Knoblauchzehe und den Korianderblättern mischen, mit etwas weißem Pfeffer und 1 Prise Salz würzen und über die abgetropften Portulakblätter geben. Portulakgemüse schmeckt auch kalt.

Gegrillte grüne Tomaten

3 mittelgroße grüne Tomaten
1 TL Senf
1/2 TL Essig
1 TL Honig
1/2 TL Selleriesalz
3 EL Mayonnaise
1 EL Parmesan

Die Tomaten jeweils in drei dicke Scheiben schneiden und auf einen Rost legen. Die restlichen Zutaten gut vermischen und jede Tomatenscheibe damit dünn bestreichen. Im Grill etwa 3 Minuten überbacken. Die Tomatenscheiben umdrehen und die Rückseite dick mit der Mischung bestreichen. Dann das Ganze nochmals kurz überbacken. Wenn die

Mayonnaisemischung in die Tomaten völlig eingezogen ist, den Rest der Mischung auf die Scheiben verteilen und so lange braten, bis die Tomaten eine goldbraune Farbe angenommen haben. Sofort servieren.

HAUPTGERICHTE

Überbackene Hirse-Auberginen

2 Schalotten
1 Knoblauchzehe
2 EL Butter
1 l Wasser
1 EL Hefepulver
500 g Auberginen
2 Tomaten
1 Zucchini
250 g Hirse
je 1 EL Oregano, Rosmarin, Basilikum
Pfeffer aus der Mühle
Kräutersalz
100 g geriebener Hartkäse

Die Schalotten feinwürfeln und die Knoblauchzehe zerdrücken. Schalotten in Butter andünsten, dann den Knoblauch zugeben.
Mit Wasser auffüllen und die Hefe untermischen. Auberginen, Tomaten und Zucchini würfeln, Hirse waschen und abtropfen lassen, alles in den Topf geben, 3 Minuten kochen lassen, Hitze abstellen und 20 Minuten zugedeckt quellen lassen.
Gehackte Kräuter untermischen, mit Pfeffer und Salz abschmecken.
In eine gefettete oder mit Alufolie ausgelegte Auflaufform füllen, mit Käse überstreuen und im Backofen bei mittlerer Hitze backen, bis der Käse zerlaufen ist, etwa 20 Minuten.

Kartoffelauflauf mit Rosmarin

1 kg Kartoffeln
1 Ei
2 EL Mehl
Pfeffer aus der Mühle
Salz
150 g durchwachsener Speck
500 g Zwiebeln
100 g Gouda
2 Rosmarinzweige
200 ml süße Sahne
Salz

Die Hälfte der geschälten Kartoffeln reiben und auf einem Sieb abtropfen lassen. Mit Ei, Mehl, Pfeffer und Salz vermischen. Eine ofenfeste Form mit dünn geschnittenem Speck auslegen, die Masse darauf verteilen. Die Zwiebeln in Scheiben schneiden, auf der Kartoffelmasse verteilen. Darauf die Käsescheiben legen und die Hälfte des feingehackten Rosmarins überstreuen. Nun die restlichen Kartoffeln in Scheiben schneiden und über dem Käse verteilen. Schlagsahne mit etwas Salz verrühren und darübergießen, mit dem restlichen Rosmarin bestreuen. Die Form mit Alufolie abgedeckt im Backofen bei 200 Grad 45 Minuten bakken, dann die Folie abnehmen und noch weitere 20 Minuten bräunen lassen.

Mangoldröllchen

16 große Mangoldblätter mit Stielen
2 große Stangen Porree
1 kleiner Kopfsalat
3 Sauerampferblätter
75 g Butter
200 ml Wasser
1 Ei
100 ml Sahne
40 g Parmesan
Pfeffer aus der Mühle
etwas Salz
1 Prise Muskatnuß

Mangoldblätter putzen, zu dicke Blattadern ausschneiden. Die Stiele abschneiden und aufbewahren. Jedes einzelne Mangoldblatt in kochendem Wasser blanchieren, bis es hellgrün und weich ist. 8 Mangoldblätter, die schönsten, mit der Rückseite nach oben auf Küchenkrepp ausbreiten.
Mangoldstiele und den in dünne, etwa

5 cm lange Stifte geschnittenen Porree mit den in Streifen geschnittenen Salat- und Sauerampferblättern sowie den feingehackten restlichen Mangoldblättern mischen. Etwa 60 g Butter in einer Pfanne zerlassen, die Hälfte des Wassers zufügen und die Gemüse-Salat-Mischung darin bei schwacher Hitze dünsten, bis die Flüssigkeit verdampft ist. Ei mit Sahne, Parmesan und den Gewürzen schaumig schlagen, das Gemüse unterheben. Die Mischung auf die Mangoldblätter verteilen, die langen Enden der Blätter über die Füllung falten und Blätter aufrollen. In einer gefetteten Auflaufform, mit jeweils einem Butterflöckchen darauf, mit dem restlichen Wasser bei 180 Grad im Backofen 30 Minuten backen. Zwischendurch mehrere Male mit dem Bratfond begießen. Mangoldröllchen mit dem Fond übergossen servieren.

Porree mit Kräutersauce

12 mittelgroße Porreestangen
2 Petersilienstengel
1 Kerbelstengel
1 Lorbeerblatt
1 Thymianzweig
1 Gewürznelke
15 g Butter
5 cl Weißwein
150 ml Hühnerbrühe
Pfeffer aus der Mühle
Salz
6 Scheiben Weißbrot
1 EL Dijon- oder Kräutersenf
3 EL Semmelbrösel

Porreestangen etwa 2 cm oberhalb der weißen Teile abschneiden. Mit den Gewürzen in Butter andünsten, mit Wein und Brühe ablöschen, mit Pfeffer und Salz abschmecken. Abdecken und bei 180 Grad im Backofen 30 Minuten garen. Porree herausnehmen und der Länge nach einschneiden. Weißbrot toasten, in eine Auflaufform legen, Porree darauf verteilen. Die Sauce durch ein Sieb streichen und auf den Porree gießen. Etwas Senf darauf verteilen, Semmelbrösel darüberstreuen und bei 200 Grad etwa 15 Minuten überbacken. Sofort servieren.

Torte aus grünen Tomaten

6 EL Weizenvollkornmehl
1/4 TL Salz
1 1/2 TL Backpulver
1 TL Orangenschalenpulver
3/4 Tasse Honig
1 Ei
1 Tasse grob zerkleinerte grüne Tomaten
1/2 Tasse Sonnenblumensamen
1 TL Vanillezucker
Schlagsahne

Alle Zutaten außer der Schlagsahne gut vermischen. In eine gebutterte Kuchenform von 20 bis 22 cm Durchmesser füllen. Im vorgeheizten Backofen bei 180 Grad 45 Minuten backen. Während der letzten 10 bis 15 Minuten die Form mit Alufolie bedecken, damit die Tomaten nicht anbrennen. Mit der steifgeschlagenen Sahne verzieren.

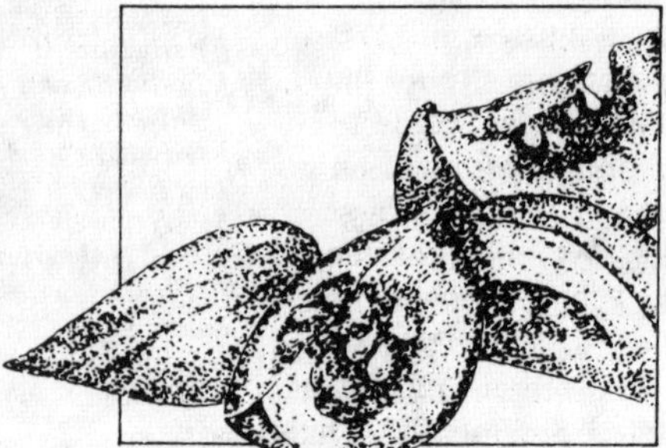

Grüne Tomaten, türkisch

1 kg grüne Tomaten
4 Zwiebeln
100 ml Olivenöl
60 g Reis
1 TL Zucker
5 Pimentkörner
Pfeffer aus der Mühle
Salz
250 ml Wasser
2 EL Petersilie

Die Tomaten halbieren. Zwiebeln längs halbieren und in dünne Scheiben schneiden. Öl erhitzen, Zwiebeln darin etwa 5 Minuten dünsten. In einer großen Pfanne die Tomaten mit der Schnittseite nach unten legen. Zwiebeln abtropfen lassen und darüber verteilen. Reis überstreuen und das Öl darauftr äufeln. Mit Zucker, den zerstoßenen Pimentkörnern, Pfeffer und Salz bestreuen, Wasser zugießen und bei mittlerer Hitze abgedeckt 30 Minuten garen. Mit Petersilie bestreut servieren.

Topinambursoufflé

500 g Topinamburknollen
75 g Butter
75 g Mehl
150 ml Milch
1/2 Handvoll Petersilie
Pfeffer aus der Mühle
Salz
4 Eier

Knollen in Wasser weichdünsten, Wasser abgießen und aufbewahren. Topinambur pürieren. Eine Souffléform mit 1 Eßlöffel der Butter ausstreichen; die restliche Butter zerlassen, Mehl hineinrühren, mit Milch und 150 ml der Gemüseflüssigkeit ablöschen. Gemüse und die feingehackte Petersilie unter Rühren zugeben, mit Pfeffer und Salz abschmecken. Topf von der Hitze nehmen. Eier trennen. Eigelb unterrühren. Eiweiß steifschlagen. Etwas Eischnee unter das Püree rühren, den Rest leicht unterheben. Alles in die Souffléform füllen und bei 200 Grad im vorgeheizten Backofen etwa 20 Minuten backen.

Gefüllte Zwiebeln

4 große Gemüsezwiebeln
1 l Fleischbrühe
250 g mageres Lammfleisch
2 EL kaltgepreßtes Olivenöl
4 Knoblauchzehen
2 Handvoll Petersilie
3 EL Herbes de Provence (frische Mischung, 3 TL getrocknete)
Pfeffer aus der Mühle
Salz
2 EL Semmelbrösel
30 g Butter
125 ml Crème fraîche

Zwiebeln schälen und in der Fleischbrühe 15 Minuten kochen. Das Lammfleisch feinhacken oder durch den Fleischwolf drehen, im erhitzten Olivenöl von allen Seiten bräunen. Von den halbweichen Zwiebeln einen kleinen Deckel abschneiden, dann mit einem Teelöffel aushöhlen, so daß nur noch zwei oder drei Schichten bleiben. Das ausgehöhlte Fleisch von drei Zwiebeln feinhacken, die Knoblauchzehen zerdrücken. Das Fleisch der vierten Zwiebel in der Hälfte der Brühe aufsetzen, diese um die Hälfte reduzieren. Zwiebeln und Knoblauch mit Lamm und den feingehackten Kräutern vermischen, mit Pfeffer und Salz würzen. Die Zwiebeln damit füllen, dabei ruhig überhäufen, da die Füllung beim Braten noch schrumpft. Die eingekochte Brühe angießen, mit Alufolie abdecken und im Backofen bei 200 Grad 45 Minuten gar dünsten. Die fertigen Zwiebeln mit etwas Sud übergießen, Semmelbrösel daraufstreuen und einige Butterflöckchen darauf verteilen. Ohne Bedeckung noch 10 Minuten überbacken, bis die Semmelbrösel anfangen, braun zu werden, dabei ab und zu mit Brühe begießen. Die Zwiebeln in einer tiefen Schale anrichten. Den Schmorfond mit Crème fraîche vermischen, würzig abschmecken und an die Zwiebeln gießen.

Zwiebel-Apfel-Pastete mit Salbei

Zwiebeln in dünne Scheiben schneiden. Äpfel schälen, entkernen und ebenfalls in dünne Scheiben schneiden. Eine flache Tortenform, 18 cm Durchmesser, dünn mit dem ausgerollten Blätterteig auslegen, eine Apfelschicht darauf verteilen, darüber Zwiebeln und Salbeiblätter legen, mit Pfeffer und Salz und etwas Gewürzmischung bestreuen. Dann wieder Apfel- und Zwiebelscheiben darauflegen, wieder würzen usw., bis die Form voll ist. Etwas Butter in Flöckchen darauf verteilen, Rand anfeuchten und mit einer dünnen Teigschicht abdecken. Im Backofen bei 190 Grad etwa 60 Minuten backen. Sollte der Blätterteig zu dunkel werden, mit Alufolie abdecken. Heiß servieren.

500 g Zwiebeln
500 g Kochäpfel
1 Paket Blätterteig
4 Salbeiblätter
Pfeffer aus der Mühle
Salz
Gewürzmischung aus Muskatnuß, Zimt, Cayennepfeffer, weißem Pfeffer, Nelken, Lorbeerblatt, Thymian, Majoran und Bohnenkraut
3 EL Butter

Fischfilet in Dill

Fischfilet mit kaltem Wasser abwaschen und mit Küchenkrepp trockentupfen. Mit Zitronensaft beträufeln, 10 Minuten ziehen lassen. Eier mit gehacktem Dill, Pfeffer, Salz und den zerdrückten Knoblauchzehen verrühren. Fisch von beiden Seiten salzen, danach zuerst in etwas Mehl, dann in der Eimasse wenden. In reichlich sehr heißem Öl ausbacken.

4 Scheiben Fischfilet (Kabeljau, Seelachs, Rotbarsch)
Saft von 1/2 Zitrone
2 Eier
4 Handvoll Dill
Pfeffer aus der Mühle
Salz
2 Knoblauchzehen
Mehl
kaltgepreßtes Olivenöl

Fischrouladen

4 dünne Scheiben Seelachsfilet (à 200 g)
Saft von 1 Zitrone
1 Handvoll Sauerampfer
1 Schalotte
2 EL Kapern
1 EL mittelscharfer (Estragon-)Senf
Pfeffer aus der Mühle
Salz

Für den Sud:
125 ml trockener Weißwein
125 ml Wasser
1 gewürfelte Zwiebel
1 Lorbeerblatt
5 Wacholderbeeren
Pfeffer aus der Mühle
Salz

100 ml Crème fraîche
2 Eigelb
1 Handvoll Estragon

Fisch putzen und mit Zitronensaft beträufeln. Sauerampfer waschen, abtropfen lassen. Schalotte feinhacken, Kapern grob zerschneiden. Senf mit Sauerampfer, Zwiebeln und Kapern mischen. Abschmecken.
Die Masse auf die Fischfilets streichen, diese aufrollen und feststecken.
Weißwein und Wasser mit den Zutaten für den Sud aufkochen und die Fischrouladen darin bei geringer Hitze 15 Minuten dünsten.
Fisch warm stellen. Fischfond durchsieben, 250 ml abmessen. Diesen mit Crème fraîche verrühren und etwas einkochen lassen. Eigelb mit etwas Sauce verrühren, wieder hineingeben, nicht mehr kochen. Estragon feinhacken, in die Sauce geben und nochmals abschmecken. Fisch mit der Sauce anrichten. Sofort servieren.

Heilbutt mit Kräuterchampignons

4 Heilbuttschnitten
2 Zitronen
1 TL Rosmarin
1 TL Minze
Pfeffer aus der Mühle
Salz
4 EL Wermut
40 g Butter
500 g frische Champignons
2 EL Mehl
150 ml Essig
20 g Butter

Den Fisch mit kaltem Wasser abspülen, abtrocknen und mit Zitronensaft beträufeln. Rosmarin und Minze grobhacken, über dem Fisch verteilen. Mit Pfeffer und Salz bestreuen und Wermut darübergießen. Butterflöckchen darauf verteilen und im abgedeckten Topf oder Bräter bei 225 Grad im Backofen etwa 20 Minuten garen. Champignons putzen, Mehl mit Essig und etwas Wasser vermischen,

Champignons darin 10 Minuten ziehen lassen, dann halbieren (vierteln). In etwas Butter andünsten, abschmecken, feingehackten Thymian untermischen. Crème fraîche unterheben.
5 Minuten bei geringer Hitze weiterdünsten lassen. 125 ml Fischfond zu den Champignons geben und alles etwas einkochen lassen. Fisch mit den Champignons servieren.

1 EL Thymian
200 ml Crème fraîche

Sardellen mit Salbei

Sardellen ausnehmen, Köpfe und Flossen abschneiden, gut abwaschen und mit Küchenkrepp abtrocknen. Öl mit Zitronensaft, Pfeffer, Salz mischen, Sardellen hineinlegen und abgedeckt ca. 2 Stunden ziehen lassen, ab und zu mit der Marinade bestreichen. Rosmarin in jeweils vier Teile brechen, in jede Sardelle ein Rosmarinstück und einen Thymianstengel legen. Sardellen in Schinken einrollen. Die Hälfte der Butter in eine feuerfeste Form streichen, Sardellen nebeneinander in die Form legen, jeweils ein Salbeiblatt darauflegen und die restliche Butter darauf verteilen. Fleischbrühe und Weißwein mischen und darübergießen. Fische bei 200 Grad im Backofen 20 Minuten gardünsten. Sofort servieren.

12 Sardellen
3 EL kaltgepreßtes Olivenöl
Saft von 1/2 Zitrone
Pfeffer aus der Mühle
Salz
3 Rosmarinzweige
12 Thymianstengel
12 Scheiben Parmaschinken
50 g Butter
12 Salbeiblätter
100 ml Fleischbrühe
100 ml herber Weißwein

Gebeizte Forellen

4 Forellen (8 Filets)
2 TL Salz
frisch gemahlener Pfeffer
1 TL Zucker
4 Bund Dill
2 Zitronen

Forellenfilets kalt abspülen und trockentupfen. Einzeln auf Pergamentpapier legen. Mit einer Mischung aus Salz, Pfeffer und Zucker kräftig einreiben. Dill feinhacken, die Filets damit bestreuen. Das Pergamentpapier über dem Fisch zusammenfalten, Fischfilet mit Papier eng aufrollen. Die Röllchen senkrecht nebeneinander in einer Schüssel im Kühlschrank 2 Tage durchziehen lassen. Vor dem Servieren das Papier entfernen und mit Zitronenscheiben garnieren.

Gefülltes Bresse-Huhn mit Estragon

1 Poulet de Bresse (etwa 1,3 kg)
Pfeffer aus der Mühle
Salz
30 g Butter
30 g frische Estragonblätter
2 EL kaltgepreßtes Olivenöl
3 EL Cognac
5 EL trockener Weißwein
125 ml süße Sahne
3 EL Madeira

Das Huhn waschen, mit Küchenkrepp trockentupfen und außen mit Pfeffer und Salz würzen. Innen mit Butter ausstreichen und mit Estragonblättern füllen. In erhitztem Öl in einem flachen Schmortopf das Huhn auf allen Seiten gut anbraten. Mit erwärmtem Cognac übergießen und flambieren. Dann das Huhn im vorgeheizten Backofen bei 250 Grad braten; während dieser 30 Minuten häufig begießen. Huhn anrichten und warm stellen. Fett aus der Pfanne abgießen, mit Weißwein den Bratensatz ablöschen und in einen Topf umgießen. Sahne unter ständigem Rühren zugeben und auf ein Viertel reduzieren. Mit Pfeffer, Salz sowie Madeira abschmecken und über das Huhn gießen.

Perlhuhn mit Liebstöckel

Perlhuhn längs halbieren. Butter in einem großen Topf erhitzen, das Huhn darin von allen Seiten gut anbraten, dann herausnehmen. Das kleingeschnittene Gemüse im Fett andünsten, leicht pfeffern, salzen. Zitronenscheiben einlegen, Hühnerbrühe, Sherry zugießen, Liebstöckelzweige darauf verteilen. Darauf die leicht gesalzenen Geflügelstücke legen und zugedeckt bei kleiner Hitze 60 Minuten garen. Huhn herausnehmen, warm stellen. Liebstöckel und Zitronenscheiben herausnehmen. Sud mit Gemüse pürieren, Crème fraîche unterrühren, erhitzen, abschmecken. Perlhuhnstücke mit der Sauce übergossen servieren.

1 großes Perlhuhn
3 EL Butter
1 Stück Sellerieknolle
2 Lauchstangen
2 große gelbe Rüben
3 Zwiebeln
Pfeffer aus der Mühle
Salz
3 Scheiben Zitrone
150 ml Hühnerbrühe
4 EL trockener Sherry
5 Liebstöckelstengel
3 EL Crème fraîche

Kalbsleber

Leber kurz abspülen, mit Küchenkrepp trockentupfen. In erhitztem Fett (Öl, Butter) auf jeder Seite 2 Minuten anbraten, pfeffern, salzen. Tomaten überbrühen, die Haut abziehen, in Scheiben schneiden. Leber auf einen Rost legen, mit den feingehackten Kräutern bestreuen, die Tomatenscheiben und den Käse darauf verteilen. Im vorgeheizten Backofen etwa 3 Minuten überbacken, bis der Käse anfängt zu schmelzen. Leberscheiben evtl. mit frischen Basilikumblättern belegen. Sofort servieren.

4 Scheiben Kalbsleber (à 150 g)
1 EL kaltgepreßtes Olivenöl
2 EL Butter
Pfeffer aus der Mühle
Salz
4 Tomaten
8 Thymianstengel
1 kleiner Rosmarinzweig
1 EL Oregano
4 große Basilikumblätter
150 g Mozzarella (in Scheiben geschnitten)

Kalbsschnitzel mit Zitronenmelissesauce

8 dünne Kalbsschnitzel
Pfeffer aus der Mühle
Saft von 2 Zitronen
2 Handvoll Zitronenmelisse
200 g Tomaten
1 Zwiebel
1 Knoblauchzehe
5 Salbeiblätter
40 g Butter
Saft von 1 Zitrone
250 ml süße Sahne
Pfeffer aus der Mühle
Salz

Kalbsschnitzel kalt abspülen und mit Küchenkrepp trockentupfen. Die Schnitzel auf beiden Seiten mit Pfeffer bestreuen und in eine Schale legen. Mit Zitronensaft begießen, die Hälfte der feingeschnittenen Zitronenmelisseblätter dazugeben und 1 Stunde ziehen lassen.
Die Tomaten mit kochendem Wasser überbrühen, Haut abziehen, vierteln und die Kerne entfernen. Tomatenfleisch feinwürfeln. Zwiebel feinhacken, Knoblauchzehe zerdrücken, die Salbeiblätter in feine Streifen schneiden.
Butter in einer Pfanne erhitzen und die Schnitzel darin von jeder Seite 2 Minuten braten. Warm stellen. Knoblauch und Zwiebelwürfel im Bratfett dünsten, mit Zitronensaft und Sahne ablöschen.
Einige Minuten kochen lassen, bis die Sauce etwas dicker wird. Mit Pfeffer und Salz abschmecken. Die restliche Zitronenmelisse und die Tomatenwürfel sowie den Salbei unterheben. Die Sauce über die Schnitzel gießen und sofort servieren.

Schweinenacken mit Majorankruste

750 g Schweinenacken
Pfeffer aus der Mühle
Salz
2 Handvoll Majoran
2 EL kaltgepreßtes Olivenöl
200 ml Weißwein
300 g Äpfel
300 g Zwiebeln

Fleisch mit Pfeffer und Salz einreiben. Majoranblätter grobhacken. Fleisch in heißem Öl rundherum anbraten. Wein und die Hälfte der Majoranblätter zufügen. Äpfel schälen, vierteln, das Kerngehäuse ausstechen und die Äpfel in kleine Stücke schneiden. Zwiebeln vierteln. Alles zum Fleisch geben. Im abgedeckten Topf 90 Minuten schmoren. Die Wurst aus den Häuten drücken, mit dem restlichen Majoran und den Semmelbröseln vermischen. Das Fleisch mit dieser Mischung bestreichen und im Backofen bei 250 Grad 10 Minuten überbacken. Den Schmorsud durch ein Sieb streichen, Sahne unterrühren, aufkochen lassen und mit Pfeffer und Salz abschmecken.

2 ungebrühte Kalbsbratwürste
2 TL Semmelbrösel
75 ml Schlagsahne

Kaninchen, eingelegt

Kaninchen zerteilen, abspülen und mit Küchenkrepp trockentupfen. Suppengrün in kleine Würfel schneiden. 1 Liter Wasser mit drei Vierteln der Salbeiblätter, Zitronensaft, den Pfefferkörnern, Salz und Lorbeerblättern zum Kochen bringen. Suppengrün und Kaninchenteile zugeben und bei geringer Hitze 90 Minuten kochen lassen. In der Brühe abkühlen lassen, erstarrtes Fett abheben. Kaninchen mit der Brühe in eine Schüssel legen. Die Knoblauchzehen in feine Scheibchen schneiden, mit übriggelassenen Salbeiblättern in heißem Öl anbraten, über das Fleisch gießen. Das Kaninchen mindestens 2 Tage im Kühlschrank durchziehen lassen.

1 Kaninchen (ca. 1,3 kg)
1 Bund Suppengrün
6 bis 8 Salbeiblätter
2 Zitronen
1 TL Pfefferkörner
Salz
2 Lorbeerblätter
3 Knoblauchzehen
125 ml Olivenöl

Kräuterrollen

200 g Weizenvollkornmehl
200 g Hirsemehl
4 Eier
1 TL Salz

Für die Füllung:
250 g Hackfleisch
2 Eier
1 Brötchen
Kräutersalz
Pfeffer aus der Mühle
1 Handvoll Majoran oder Thymian
4 Zwiebeln
100 g Butter

Mehl in eine Schüssel sieben, Eier und Salz unterkneten, den Teig 30 Minuten ruhen lassen. Hackfleisch, Eier, das eingeweichte und ausgedrückte Brötchen, Kräutersalz, Pfeffer und den feingehackten Majoran vermischen. Teig ausrollen, Hackfleisch darauf verteilen. Den Teigrand mit etwas Wasser bepinseln und Teig aufrollen, an den Seiten leicht festdrücken. Die Rolle in schräge Scheiben schneiden und in wenig Salzwasser etwa 8 Minuten garen. Zwiebeln grobhacken und in Butter goldgelb dünsten. Zu den Kräuterrollen servieren.

Lammsteak mit Minzesauce

4 doppelte Lammrückensteaks
Pfeffer aus der Mühle
Salz
2 Knoblauchzehen
4 EL kaltgepreßtes Olivenöl

Für die Sauce:
2 Knoblauchzehen
2 EL Pinienkerne
2 rote Zwiebeln
3 Handvoll Minze
4 Becher Joghurt
Saft von 1 Zitrone
Pfeffer aus der Mühle
Salz

Die Lammrückensteaks mit der in Pfeffer und Salz zerriebenen Knoblauchzehe einreiben, 2 Stunden ziehen lassen. Mit Olivenöl bestreichen und auf der obersten Schiene im Grill auf jeder Seite 4 Minuten braten.
Für den Dip die Knoblauchzehe zerdrükken, Pinienkerne grobhacken, die Zwiebeln in Würfel schneiden, und die Minze feinhacken. Joghurt mit dem Zitronensaft mischen, Knoblauch, Pinienkerne, Zwiebeln und Minze unterrühren und mit Pfeffer und Salz abschmecken. Lammsteaks mit der Minzesauce servieren.

Lammrücken mit Kräuterkruste

1 Lammrücken (1200 bis 1300 g)
4 Schalotten
3 Knoblauchzehen
4 EL kaltgepreßtes Olivenöl
1 EL Kräutersenf
etwas Tabasco
etwas gemahlene Kümmelkörner
3 EL Majoran
3 EL Rosmarin
2 EL Basilikum
1 TL Liebstöckel
1 TL Rosenpaprika
Kräutersalz
1 Handvoll Petersilie

Den Lammrücken gut abspülen und sorgfältig mit Küchenkrepp trockentupfen.
Die Schalotten sehr fein hacken sowie die Knoblauchzehen zerdrücken.
Dann die Schalotten in dem Olivenöl andünsten und die Knoblauchzehen zugeben.
Das Ganze kurz weiterdünsten lassen.
Nun den Senf mit dem Tabasco und dem Kümmel, den feingehackten Kräutern, dem Paprika sowie dem Salz vermischen und unter die abgekühlte Schalotten-Knoblauch-Mischung geben.
Nachdem Sie das Ganze zu einer dicken Paste verrührt haben, müssen Sie mit dieser den Lammrücken bestreichen.
Nun den Lammrücken locker in Alufolie wickeln und 1 Stunde ziehen lassen.
Jetzt den Lammrücken auf einen Rost legen, in den Backofen über eine Fettpfanne schieben und bei 250 Grad 25bis 30 Minuten braten. Das Fleisch sollte innen noch zartrosa sein. Die Petersilie grobhacken und 5 Minuten vor Ende der Garzeit über das Fleisch streuen.
Den Ofen abschalten und den Lammrücken bei offener Tür noch 5 Minuten stehenlassen, dann aufgeschnitten angerichtet servieren.

Kandierte Borretschblüten

250 ml Wasser
500 g Zucker
Borretschblüten

Das Wasser und den Zucker zu Sirup verkochen. Jeweils einige Blüten hineingeben und mehrere Minuten ziehen lassen. Dann auf Aluminiumfolie legen und im vorgeheizten Backofen (die Hitze sollte etwa 75 Grad betragen) bei offener Tür trocknen lassen.
Kandierte Borretschblüten sind eine hübsche Garnitur für Desserts wie Pudding oder Eisbecher – und sie schmecken gut.

Minzesorbet

2 EL Zucker
200 ml Wasser
3 große Minzestengel
2 Grapefruits
1 Eiweiß

Den Zucker in heißem Wasser auflösen. Danach die Minzeblätter grobhacken (einige sollten Sie zum Garnieren zurückbehalten), diese in das heiße Wasser geben und abgedeckt abkühlen lassen. Absieben.
Die Grapefruits auspressen und den Saft zu der Minzeflüssigkeit geben. Etwa 1 Stunde im Tiefkühlschrank oder auch im Eisfach anfrieren lassen. Das Eiweiß zu steifem Schnee schlagen und unter die angefrorene Minzemasse heben.
Während des Gefrierens mehrmals umrühren, damit das Sorbet weich und cremig bleibt.

Quark mit Minze

Quark mit Joghurt, Vanillemark und Konfitüre mischen. Sahne steifschlagen und unterheben. Minzeblätter feinhaken (einige zum Garnieren zurückbehalten) und untermischen. Kühl oder halbgefroren mit einigen Minzeblättern garniert servieren.

250 g Quark
100 ml Joghurt
1/2 Vanillestange
10 EL Stachelbeerkonfitüre
100 ml Sahne
1 Handvoll Minze

Weingelee mit Trauben und Minze

Trauben mit etwa 200 ml Wasser bei geringer Hitze etwa 30 Minuten kochen. Gelatine in kaltem Wasser einweichen. Trauben in einem Sieb abtropfen lassen, Saft auffangen. Saft mit Zitronensaft und Wein auf etwa 500 ml auffüllen, erhitzen, Zucker darin auflösen und Gelatine unterrühren. Minzeblätter unterheben. Die Weinmischung in eine kalte Form gießen und kühl stellen. Zum Stürzen die Form kurz in heißes Wasser tauchen.

500 g weiße Trauben
6 Blatt weiße Gelatine
1 Zitrone
250 ml herber Weißwein
60 g Zucker
1 Handvoll Minze

Pfirsichkompott

Die Pfirsiche überbrühen und schälen. Entkernen und in Spalten schneiden. Pfirsiche mit Zitronenscheiben, Zucker und etwa Ysop zu Kompott kochen, evtl. 1 Eßlöffel Wasser zugeben. Abkühlen lassen, Zitronenscheiben herausnehmen, mit frischem Ysop bestreut servieren.

8 Pfirsiche
3 Scheiben Zitrone
4 EL Zucker
Ysop

Stachelbeereis

500 g Stachelbeeren
einige Minzeblätter
150 ml Joghurt
3 EL Zucker
150 ml süße Sahne

Stachelbeeren mit den Minzeblättern pürieren, durch ein Sieb streichen. Joghurt und Zucker unterrühren, Sahne steifschlagen und unter die Stachelbeermasse heben. Während des Frierens einige Male umrühren, damit das Eis cremig wird.

Kräuterbeeren

250 g Heidelbeeren
500 g Himbeeren
150 g Johannisbeeren
100 ml Himbeersaft
100 ml Apfelsaft
1 Handvoll gehackte Ysopblätter

Früchte mischen, mit den Säften begießen und kühl gestellt 1 Stunde ziehen lassen. Umrühren und mit Ysop bestreut servieren.

Eiswürfel mit Blüten

Sommerliche Drinks, ob mit oder ohne Alkohol, sehen hübscher und appetitlicher aus, wenn sie statt mit normalen Eiswürfeln mit »Blütenwürfeln« gekühlt werden. Nehmen Sie einfach voll aufgeblühte Kräuterblüten, z. B. Borretsch, die Sie im Eiswürfelbehälter mit Wasser aufgefüllt einfrieren und bei Bedarf in einem (möglichst klaren) Getränk servieren.

Limette

4 cl trockener Wermut
1 cl Limonensaft
1 Zweig Zitronenmelisse

Wermut mit dem Saft und etwas gestoßenem Eis in ein Glas füllen, mit der Zitronenmelisse garnieren.

Basilikum-Melisse-Likör

Schale der Zitronen mit den Kräutern in eine Flasche füllen, mit Alkohol übergießen und 2 bis 3 Wochen ziehen lassen. Absieben. Zucker mit Wasser aufkochen, abkühlen lassen und unter den Kräuter-Alkohol mischen.

3 unbehandelte Zitronen
1 Handvoll Basilikum
1 Handvoll Zitronenmelisse
125 ml 90 prozentiger Alkohol
250 g Zucker
250 ml Wasser

Minze-Julep

Gläser etwa 1 Stunde im Tiefkühlschrank kühlen. Einige Minzeblätter mit Zucker im Glas zerdrücken, gestoßenes Eis daraufgeben und mit Bourbon auffüllen. Mit dem restlichen Minzezweig garniert servieren.

je 1 Stengel Minze
1 TL Zucker
4 cl Bourbon Whiskey

Kerbel-Tomatensaft

Die Säfte vermischen, mit Zucker und Salz abschmecken, kühl stellen. Vor dem Servieren saure Sahne unterrühren und mit grobgehacktem Kerbel bestreut servieren.

250 ml Tomatensaft
125 ml Möhrensaft
1 EL Zitronensaft
2 EL Orangensaft
Zucker
Salz
125 ml saure Sahne
1 Handvoll Kerbel

Thymian-Campari

Campari mit Saft und Cognac mischen, auf gestoßenem Eis mit einigen Thymianblättchen servieren.

2 cl Campari
Orangensaft
1 Schuß Cognac
Thymianblätter

Gurkendrink

1 Salatgurke
1/2 Zitrone
Pfeffer aus der Mühle
3 Eiswürfel
1 Prise Dill
Mineralwasser

Gurke schälen, entkernen, im Mixer pürieren und durch ein feines Sieb ablaufen lassen. Den Saft mit etwas Zitronensaft und Pfeffer abschmecken, mit den zerstoßenen Eiswürfeln in ein Glas füllen, etwas frischen Dill darüberstreuen. Nach Geschmack mit einem Schuß kaltem Mineralwasser auffüllen.

Borretschlimonade

2 Handvoll Borretschstiele und -blätter
Saft von 6 Zitronen
70 g Honig
0,7 l Mineralwasser
einige Borretschblüten

Borretsch im Mixer sehr fein pürieren, durch ein Haarsieb streichen, mit Zitronensaft mischen und Honig nach Geschmack unterrühren. Die Mischung mit eiskaltem Mineralwasser aufgießen und mit Borretschblüten bestreut servieren.

Tomatensaft

2 große Tomaten
Pfeffer aus der Mühle
Salz
1 Prise Zucker
1 EL Zitronensaft
Tabasco
1 EL Ketchup
1 EL Worcestersauce
2 cl Wodka
Sodawasser
Schnittlauch

Die Tomaten mit kochendem Wasser überbrühen und häuten, Kerne entfernen. Fruchtfleisch im Mixer mit etwas gestoßenem Eis pürieren, mit Pfeffer, Salz, Zucker, Zitronensaft, Tabasco, Ketchup und Worcestersauce abschmecken, 2 cl Wodka untermischen, in ein Glas geben, mit Soda auffüllen und mit Schnittlauch dick bestreut servieren.

Minztee marokkanisch

Den frisch gebrühten grünen Tee nach Geschmack mit Honig süßen. Minzeblätter oder -zweige in Teegläser verteilen und den sehr heißen Tee übergießen.

1 l grüner Tee
Honig nach Geschmack
1 Handvoll Minzeblätter

Sachregister

Rezeptregister

Biomedizin – die natürliche Alternative.

Alexander, Maximilian
Zoubek, Eugen
Schmerzfrei durch Biomedizin
– Neue Naturheilmethoden –
144 Seiten, 11,5 x 18 cm
DM 6,80
ISBN 3-612-20000-3
ETB 20000

Das Buch

Akute und chronische Schmerzzustände sind das Schicksal vieler Menschen und können oft einen Lebensweg beeinflussen und prägen. Die Biomedizin bietet eine natürliche Alternative zu den herkömmlichen Schmerzmitteln. Wirksame Präparate, auf rein biologischer Basis hergestellt, helfen Schmerzen ohne schädliche Nebenwirkungen überwinden, mobilisieren Eigenkräfte und setzten einen natürlichen Heilungsprozeß in Gang. Anhand zahlreicher Praxisbeispiele zeigen die Autoren, mit welchen Mitteln der modernen Naturmedizin der Mensch Krankheiten und Schmerzen vorbeugen und sich selbst erfolgreich behandeln kann.

Die Autoren

Maximilian Alexander arbeitet seit vielen Jahren als freier Journalist und Schriftsteller. Seine Spezialgebiete sind Medizin und Naturheilkunde.
Eugen Zoubek ist Homöopath und Arzt.

Mehr Spaß am Lernen – Mehr Zeit zum Spielen.

Beyer, Günther
So lernen Schüler leichter
– Gedächtnis- und Konzentrationstraining –
128 Seiten, 50 Grafiken
11,5 x 18 cm
DM 6.80
ISBN 3-612-20001-1
ETB 20001

Das Buch

Mangelhafte Konzentrationsfähigkeit und schlechtes Gedächtnis sind oft die Ursachen für ungenügende Leistungen in der Schule. Dieses Buch schafft Abhilfe: Kinder zwischen 8 und 15 Jahren erfahren, wie sie mit einfachen Lerntechniken ihr Gedächtnis schulen und ihre Konzentrationsfähigkeit erhöhen können, um besser zu werden, Spaß am schnellen Lernen zu finden und damit mehr Zeit zum Spielen zu haben.
Übungen und Kontrolltests helfen, Können und Leistungen zu steigern.

Der Autor

Günther Beyer ist Gründer des Eltern-Schüler-Förderkreises Nordrhein-Westfalen. Er leitet ein eigenes Institut für Creatives Lernen.
Im ECON-Verlag erschienen seine Ratgeber 'Creatives Lernen', 'Gedächtnis- und Konzentrationstraining' und 'Superwissen durch Alpha-Training'.

Das Standardwerk der biologischen Küche.

Danner, Helma
Biologisch kochen und backen
– Das Rezeptbuch der natürlichen Ernährung –
288 Seiten, 30 Zeichn.
11,5 x 18 cm
DM 14,80
ISBN 3-612-20003-8
ETB 20003

Das Buch

Natürliche Ernährung ist nicht nur gesund, sondern auch wohlschmekkend, durch sie können Krankheiten geheilt, gelindert und verhindert werden: Karies, Paradontose, Erkrankung des Bewegungsapparates, Zukkerkrankheit, Leber-, Gallen-, Nierenerkrankungen, Beschwerden der Verdauungsorgane, Gefäßerkrankungen u. v. a. m. Naturbelassene Ernährung bringt dem Menschen neuen Schwung, Elastizität, Ausdauer und hohe Konzentrationsfähigkeit, sie erhält ihn gesund und schlank.
Die Rezepte in diesem Buch sind praxiserprobt.

Die Autorin

Helma Danner ist Gesundheitsberaterin. Sie beschäftigt sich seit vielen Jahren mit der wissenschaftlichen- und Laienliteratur auf dem Ernährungssektor, mit neuesten und alten Gesundheits- und Kochbüchern.

Mit autogenem Training zu innerer Harmonie.

Eberlein, Gisela
Autogenes Training mit Kindern
112 Seiten
11,5 x 18 cm
DM 6,80
ISBN 3-612-20004-6
ETB 20004

Das Buch

Viele Kinder sind nervös, aufgeregt, schlafen schlecht, sind kontaktarm, inaktiv, unkonzentriert und ängstlich. Durch autogenes Training können diese Störungen behoben werden. Autogenes Training bringt Spannung und Entspannung, fördert Aktivität und Kreativität und hilft den Kindern, selbstsicher, mutig und frei zu werden. Dies Buch zeigt, wie Kinder autogenes Training unter Anwendung von Märchen erlernen und durchführen können und wie die Autorin selbst mit Kindern autogenes Training erfolgreich ausübte.

Die Autorin

Dr. med. Gisela Eberlein lehrt in eigener Praxis, in Seminaren und Arbeitsgemeinschaften autogenes Training. Sie wurde ausgezeichnet mit dem 'Hufeland-Preis' für vorbeugende Gesundheitspflege.

Akupunktur-Heilmethode für alle.

Ewald, Hans
Akupunktur für Jeden
– Eine Anleitung in Bildern –
128 Seiten, 76 Abb.
11,5 x 18 cm
DM 6,80
ISBN 3-612-20005-4
ETB 20005

Das Buch

Akupunktur heilt Krankheiten, behebt Funktionsstörungen, Akupunktur ist leicht zu erlernen und bewirkt in vielen Fällen unerhoffte Heilerfolge. Anhand von rund 90 Abbildungen und Zeichnungen erläutert der Autor die Meridiane und Punkte des Körpers, beschreibt Grundsätze der Diagnostik und Therapie, gibt Anleitung für Stichtiefe, Handhaltung und Nadelarten und liefert einen Bezugsnachweis für die Nadeln.
Innerhalb kurzer Zeit kann der Laie mit diesem Buch die Selbstbehandlung mit Akupuktur erlernen.

Der Autor

Dr. med. Hans Ewald erlernte Akupunktur in Asien und wendet die Heilmethode seit Jahren erfolgreich in eigener Praxis an. Beim ECON-Verlag erschienen seine Ratgeber Akupunktur und Akupressur, 'Akupressur für Jeden.

Wasser – Medikament für Kranke – Elixier für Gesunde.

Jäger, Gerhard
Wasser wirkt Wunder
– Natürliche Heilmethoden –
160 Seiten, 26 Abb.
11,5 x 18 cm
DM 6,80
ISBN 3-612-20006-2
ETB 20006

Das Buch

Wasser ist eine Medizin mit ganz besonderen Eigenschaften: Es härtet den Körper ab, schützt vor Krankheiten und kann viele Krankheiten und chronische Leiden heilen oder lindern.
Der Autor zeigt, wie Wassertherapie wirkt. Wirksam sind medizinische Bäder und Duschen, Wickel und Güsse, Packungen, heiß, kalt oder wechselwarm, Lösungen mit Kräutern und anderen Zusatzstoffen. Die Wassertherapie hilft u. a. bei Rheuma und Durchblutungsstörungen, bei Herz- und Kreislauferkrankungen, bei Verdauungsstörungen, bei Leber- und Nierenproblemen und bei Infektionskrankheiten.

Der Autor

Gerhard Jäger ist Medizin-Journalist und Schriftsteller. Er praktiziert als Heilpraktiker in eigener Praxis.

Zum Arzt – oder nicht?

Vickery, Donald
Fries, James F.
Zum Arzt – oder nicht?
– Krankheiten erkennen und das Richtige tun –
304 Seiten, 65 Abb.
11,5 x 18 cm
DM 12,80
ISBN 3-612-20007-0
ETB 20007

Das Buch

Wie oft ist der Mensch angesichts körperlicher Beschwerden verunsichert und sucht den Arzt auf, wie oft hätte er sich selbst behandeln können, wie oft aber geht er auch zu spät zum Arzt?
Die häufigsten Beschwerden und Erkrankungen werden in diesem Buch charakterisiert. Bauchschmerzen, Durchfall, Husten, Schnittwunden, innere Schmerzen u.v.a. Krankheiten werden anhand der auftretenden Symptome beschrieben. Die Erscheinungsbilder werden schematisch aufgezeichnet und es wird gezeigt, wann ein Arzt aufgesucht werden muß und wann der Patient sich selbst behandeln kann.

Die Autoren

Donald Vickery und James Fries sind praktische Ärzte mit jeweils eigener Praxis.

Schlank im Schlaf.

Bierach, Alfred
Schlank im Schlaf durch vertiefte Entspannung
– Die SIS-Methode –
144 Seiten, 1 Grafik
11,5 x 18 cm
DM 6,80
ISBN 3-612-20008-9
ETB 20008

Das Buch

Durch vertiefte Entspannung im Schlaf schlank werden, dies ist eine neue Methode, die all jenen zu empfehlen ist, die ohne Mühe schlank werden und endlich wieder ihr Normalgewicht erreichen wollen. Im Zustand tiefster Entspannung suggeriert der Mensch seinem Unterbewußtsein ein verändertes Ernährungsprinzip und kann so bei Bewußtsein mühelos den neuen Weg einhalten. Eine wissenschaftlich und praxiserprobte Methode, die in psychosomatischen Kliniken angewandt wird.

Der Autor

Dr. Alfred Bierach, Psychotherapeut und Naturheilkundler, ist in eigener Praxis am Bodensee tätig. Mit der SIS-Methode hat er vielen Patienten geholfen, schlank zu werden.

Porzellanmalerei — eine reizvolle und traditionsreiche Kunst.

Biesterfeld, Edda
Kleine Kunst auf weißem Gold
— Ein Kurs zum Erlernen der Porzellanmalerei —
160 Seiten, 28 Abb.
11,5 x 18 cm
DM 8,80
ISBN 3-612-20009-7
ETB 20009

Das Buch

Marco Polo brachte das erste Porzellan mit nach Europa, wo es später nacherfunden wurde. Inzwischen ist Porzellanmalerei eines der kreativsten Hobbies.
Die Autorin bietet mit diesem Buch eine Einführung in die Porzellanmalerei. Sie zeigt, zu welchem Zweck man dieses Hobby betreibt, wie man es erlernt, welche Stücke man selbst herstellen kann. Der Laie erfährt alles über Pinsel, Malöle, Materialbeschaffung, Reparaturen, Technik, Komposition. Tips, Anleitungen und Erfahrungsberichte, weiterreichende Literaturangaben und ein Lieferantenverzeichnis bieten dem Neuling eine solide Basis.

Die Autorin

Edda Biesterfeld, Leiterin einer Stadtbücherei, betreibt dieses Hobby seit über 10 Jahren und unterrichtet in Porzellanmalerei an der Volkshochschule.

Die Ängste unserer Kinder.

Eberlein, Gisela
Ängste gesunder Kinder
— Praktische Hilfe bei Lernstörungen —
160 Seiten,
11,5 x 18 cm
DM 7,80
ISBN 3-612-20010-0
ETB 20010

Das Buch

Jedes Kind kämpft mit unbewußten Ängsten, die es in irgendeiner Form hindern, zwanglos fröhlich, aktiv und spontan zu sein. Nervosität, Schlafstörungen, Kontaktschwierigkeiten, ja sogar Asthma, Stottern, Bettnässen sind Folgen dieser Ängste, die durch gezielt angewendete psychologische und pädagogische Entspannungsübungen behoben werden können. Wie, das zeigt dies Buch.

Der Autorin

Dr. med. Gisela Eberlein lehrt in eigener Praxis, in Seminaren und Arbeitsgemeinschaften autogenes Training. Besonders bei Kindern erzielte sie über psychologisch und pädagogisch fundierte Entspannungsmethoden große Erfolge.

Geistige Vorstellung malerisch ausdrücken.

Gabisch, Eva
Chinesische Malerei
— Anleitung für ein schöpferisches Hobby —
96 Seiten, 31 Abb.
11,5 x 18 cm
DM 5,80
ISBN 3-612-20011-9
ETB 20011

Das Buch

Innere Ausgeglichenheit und Harmonie sind in unserer Zeit durch Unruhe, Hektik und Unsicherheit notwendiger geworden denn je. Eine Möglichkeit zur Selbstverwirklichung bietet die Kunst der chinesichen Tuschemalerei. Die Autorin führt gründlich in das Wesen dieser Malerei ein. Sie bietet eine ausführliche Anleitung und zeigt in 30 Einzelübungen mit genauen Arbeitsvorlagen und einzeln erläuterten Arbeitsschritten, wie rasch dieses kreative Hobby erlernt werden kann. Eine Liste von Firmenanschriften vervollständigt den Band.

Die Autorin

Eva Gabisch ist Grafikerin. Sie beschäftigt sich seit Jahren mit der chinesischen Tuschemalerei und leitet eine Schule für chinesische Malerei und kreative Selbstentfaltung.

Jede dritte Frau leidet unter Orangenhaut.

Ulrich, Wolf
Zellulitis ist heilbar
— Orangenhaut vorbeugen und selbst behandeln —
128 Seiten, 51 Abb.
11,5 x 18 cm
DM 6,80
ISBN 3-612-20012-7
ETB 20012

Das Buch

Zellulitis ist heilbar! Der Autor erklärt, wie Zellulitis entsteht und schildert, wie man Zellulitis erfolgreich vorbeugen kann und sie heilt. Er entwickelte ein mehrstufiges Anti-Zellulitis-Programm, mit dem er durch Lebensführung, richtige Ernährung, Sport und Gymnastik, Massage, Medikamente und viel Geduld in zehn Wochen diese häßliche Krankheit heilen kann. 50 Bilder erläutern sein Programm und erleichtern dem Leser, es alleine durchzuführen.

Der Autor

Dr. med. Wolf Ulrich ist Facharzt für Hautkrankheiten.